海关"12个必"之国门生物安全关口"必把牢"系列

进出境动植物检疫业务指导丛书

进出境动植物检疫实务

动物产品篇

总策划◎韩　钢

总主编◎徐自忠

主　编◎黄忠荣　　副主编◎周豪迟

中国海关出版社有限公司

中国·北京

图书在版编目（CIP）数据

进出境动植物检疫实务. 动物产品篇／黄忠荣，周豪迟主编. -- 北京：中国海关出版社有限公司，2024.

ISBN 978-7-5175-0830-4

Ⅰ. S851. 34；S41

中国国家版本馆 CIP 数据核字第 2024YD5529 号

进出境动植物检疫实务：动物产品篇

JINCHUJING DONGZHIWU JIANYI SHIWU：DONGWU CHANPIN PIAN

总 策 划：韩　钢

总 主 编：徐自忠

主　　编：黄忠荣

副 主 编：周豪迟

责任编辑：李碧鹰　孙　旸

出版发行：中国海关出版社有限公司

社　　址：北京市朝阳区东四环南路甲 1 号　　邮政编码：100023

网　　址：www. hgcbs. com. cn

编 辑 部：01065194242-7535（电话）

发 行 部：01065194221/4238/4246/5127（电话）

社办书店：01065195616（电话）

　　　　　https：//weidian. com/？userid＝319526934（网址）

印　　刷：北京联兴盛业印刷股份有限公司　　经　　销：新华书店

开　　本：710mm×1000mm　1/16

印　　张：12. 5　　　　　　　　　　　　　　字　　数：199 千字

版　　次：2024 年 8 月第 1 版

印　　次：2024 年 8 月第 1 次印刷

书　　号：ISBN 978-7-5175-0830-4

定　　价：68. 00 元

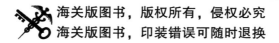

本书编委会

————◇————

总 策 划：韩　钢

总 主 编：徐自忠

主　　　编：黄忠荣

副 主 编：周豪迟

编委会成员：王建昌　杨　轩　蒋　静　赵新宇　陈　露
　　　　　　刘博宏　蒋　羽　宁　雪

前　言

————◇————

习近平总书记强调，必须从保护人民健康、保障国家安全、维护国家长治久安的高度，把生物安全纳入国家安全体系。近年来，疯牛病、禽流感、口蹄疫、非洲猪瘟、布鲁氏菌病、沙门氏菌病等疫情疫病对各国的畜牧业、生物安全、食品安全和人体健康造成了很大影响，而动物产品是动物疫病传播的重要媒介之一，因此防范重大动物疫病跨境传入是保障国门生物安全的核心任务。随着我国经济高质量发展和高水平全面对外开放，进境动物产品贸易量不断增长，来源国家（地区）和产品种类不断丰富，生物安全风险和不确定性风险也在不断增加，给国门生物安全保障工作带来严峻挑战。该书首次在生物安全背景下完善了动物产品和动物产品检疫的概念，全面系统地梳理了进境动物产品的生物安全风险因子、主要贸易动物产品的生物安全风险、动物产品生物安全风险管理措施和主要国际组织和发达国家（地区）动物产品生物安全防控措施等内容。

该书是编著者多年工作的积累，有学术性，也有实用性，对从事国门动物检疫、生物安全研究、进出口贸易、食品安全和教学的工作人员具有重要的参考价值。相信该书的出版能够丰富国门生物安全的理论和实践，进一步提高各界对国门生物安全的认识，推动国门生物安全工作的创新和发展。

CONTENTS
目录

125
CHAPTER 4

第四章
我国动物产品生物安全风险管理措施

159
CHAPTER 5

第五章
国际动物产品生物安全的风险管理

第一章
概　述

CHAPTER 1

第一节
动物产品和动物产品检疫

————————◇————————

一、动物产品

动物产品是人类赖以生存的重要物质基础。肉、蛋、奶等动物产品是人类食物构成的重要组成部分，皮、毛、脂等动物产品是人类生活日用品的重要原材料。人类吃、穿、用都离不开动物产品。随着我国经济高质量发展和高水平全面对外开放，进境动物产品贸易量不断增长，来源国家（地区）和产品种类不断丰富，安全风险和不确定性风险也在不断增加，给国门生物安全保障工作带来严峻挑战。要控制这些风险，首先要正确认识动物产品。

（一）动物产品的认识

目前，我国法律法规对动物产品的定义偏重于动物检疫风险。《中华人民共和国进出境动植物检疫法》规定，动物产品是指来源于动物未经加工或者虽经加工但仍有可能传播疫病的产品，如生皮张、毛类、肉类、脏器、油脂、动物水产品、奶制品、蛋类、血液、精液、胚胎、骨、蹄、角等。《中华人民共和国动物防疫法》规定，动物产品是指：动物的肉、生皮、原毛、绒、脏器、脂、血液、精液、卵、胚胎、骨、蹄、头、角、筋以及可能传播动物疫病的奶、蛋等。

（二）国际组织对动物产品的定义

1. 世界动物卫生组织（WOAH）《陆生动物卫生法典》（2022 版）术语表中，没有明确定义"动物产品"，仅在商品（Commodity）的定义下提及了相关概念。"商品（Commodity）"是指：活畜，动物产品，动物遗传物质、生物制品和病理材料。另外，在该法典第 1.11 章口蹄疫无疫 WOAH 官方认证的申请第 1.11.2 条第 6 部分口蹄疫预防第 4

条进口管制程序第 3 款规定中，也首次出现了两个并列的概念：动物产品和遗传材料。

由此可见，该法典的定义中，"动物产品"不包括"遗传材料"。这个定义和《中华人民共和国进出境动植物检疫法》《中华人民共和国动物防疫法》两部法律的相关定义有较大区别。

（三）动物产品的定义

2021 年 4 月 15 日，《中华人民共和国生物安全法》正式开始实施，该法律明确，生物安全是国家安全的重要组成部分。维护生物安全应当贯彻总体国家安全观，统筹发展和安全，坚持以人为本、风险预防、分类管理、协同配合的原则。

除动物检疫风险外，动物产品的定义应综合考虑各类生物因子。动物产品的定义可以调整为，来源于动物未经加工或者虽经加工但仍有可能威胁生物安全的产品，如生皮张、毛类、肉类、脏器、油脂、动物水产品、奶制品、蛋类、血液、精液、胚胎、骨、蹄、角等。

二、动物产品检疫

近代国际动物检疫措施最早见于英国。1866 年，英国政府签署了一项法令，批准扑杀带有牛瘟病的进口病牛。为了防止这一疫病再次发生，英国又于 1869 年制定了《动物传染病法》。1879 年，因在进口美国肉制品中发现旋毛虫、绦虫，意大利颁布法令，禁止美国肉类产品进口。1881 年，奥地利、德国和法国相继颁布禁止美国肉类进口的法令。1927 年，美国农业部 305 令规定，凡出口到美国的毛、革、肉类，经出口国（地区）兽医进行宰前、宰后检疫合格并出具证书方可进口。在我国，动物产品检疫也经历了从无到有、从弱到强的过程。

我国《兽医大辞典（第二版）》中解释，"检疫"（Quarantine）是指法定检疫机构和人员应用规定的诊断方法和检验方法，对人员、动物及动物产品等进行疫病检查，以立法手段防止有害生物进入或传出一个国家或地区的措施。这个定义偏向于具体对某一头动物或某一个动物产品的现场检查，不完全适用于进境动物产品的国门生物安全防控。

进境动物产品检疫，是指以我国法律法规为依据，以风险管理为手段，采用各种技术和方法，防止有害生物传入、传出国境的措施。根据进

境动物产品贸易的特点，进境动物产品检疫可分为进境前、进境时和进境
后三个环节。

第二节
影响进境动物产品安全的风险因素

一、动物产品安全风险因素的认识

影响动物产品安全的风险因素有很多方面，不同的风险引发的危害也
不尽相同。根据风险因素的来源和性质，可以将影响动物产品安全的风险
因子主要划分为三类：物理性危害、化学性危害和生物性危害。

物理性危害，是指可能导致机体物理性伤害的异物，通常指外部来源
的物体或异物，包括碎金属、机械碎屑、玻璃、首饰、碎石子、骨头碎片
以及其他肉眼可见的异物。物理性危害因子主要是在食品加工过程中由机
械操作引起，可造成划伤、割伤等机械损伤。相比其他危害因子而言，物
理性危害因子更容易进行风险分析和预防。

化学性危害，是指有毒的化学物质，能引起急性中毒或慢性积累性伤
害，包括天然存在的化学物质、残留的化学物质、加工过程中人为添加的
化学物质、偶然污染的化学物质等。常见的化学性危害因子包括重金属、
自然毒素、农用化学药物、洗消剂及其他化学性危害。食品中的化学性危
害可能对人体造成急性中毒、慢性中毒、过敏、影响身体发育、影响生
育、致癌、致畸、致死等后果。

生物性危害，主要指生物（尤其是微生物）本身及其代谢过程、代谢
产物（如毒素），寄生虫及其虫卵和昆虫对食品原料、加工过程和产品的
污染。常见的生物性危害因子包括细菌、病毒、寄生虫以及真菌，一方面
影响动物产品的质量，另一方面会给人类健康带来风险。动物产品的生物
安全风险主要来自动物自身携带的动物传染病病毒、细菌或寄生虫等，通
过动物产品的携带可传播给其他动物或人类，危害养殖业的健康发展和人

类食品安全，甚至对公共卫生造成威胁。

二、认识动物产品的生物安全风险因子

引起动物产品生物安全风险的危害因子统称为生物安全风险因子，包括细菌、病毒、寄生虫以及真菌等。进口动物产品可能携带对人体和动物健康有害的外来生物，但不是所有的动物传染病、寄生虫病都可以通过动物产品进行传播。一些虫媒病，像蓝舌病、西尼罗热、委内瑞拉马脑脊髓炎等，虽然对畜牧业影响重大，但是它们必须通过媒介生物才可传播，接触病畜或动物产品不会导致感染。虫媒病的流行往往与媒介生物的分布有关，一般媒介生物存在的地方容易造成疫病的流行。所以，这类动物传染病、寄生虫病不构成动物产品的生物安全风险因子。另外，有一些病原不能在坏死组织中存活，如新大陆或旧大陆螺旋蝇蛆，幼虫期依赖于动物活体，不可能在动物产品或坏死组织中存活，因此也不构成生物安全危害因子。所以，世界动物卫生组织须通报的动物疫病名录、《中华人民共和国进境动物检疫疫病名录》和农业农村部《一、二、三类动物疫病病种名录》中都明确，动物疫病可通过动物产品传播，并对人或动物造成危害的相关动物传染病和寄生虫病，才可以构成动物产品的生物安全风险因子。

口蹄疫、非洲猪瘟、禽流感等一些主要动物传染病，通过动物产品携带跨境传播导致动物疫病的流行，不仅会给当地畜牧业造成重大损失，还会对各国（地区）的动物产品贸易和社会经济产生影响。2001 年 6 月，韩国农林部在没有提供任何检验证据的情况下，宣布从我国进口的鸭产品中检出 H5N1 禽流感病毒，韩国和日本相继禁止从我国进口家禽和禽肉产品，直接影响了我国的禽肉出口贸易，对我国的养禽产业产生一定冲击。2003 年 12 月，美国发生疯牛病病例，加拿大、墨西哥等多个国家（地区）对美国的牛肉颁布进口禁令，给美国的牛肉市场造成巨大损失。

三、影响动物产品生物安全的因素

世界动物卫生组织须通报的动物疫病名录、《中华人民共和国进境动物检疫疫病名录》和农业农村部《一、二、三类动物疫病病种名录》是经过风险分析，证实其危害性的动物疫病名录，其包括的动物疫病是影响动物产品生物安全的主要因素。传染性动物病毒、细菌和寄生虫通过染病动

物自身携带或交叉污染，影响动物产品的安全性，或对公共卫生构成威胁。动物屠宰时疫病的流行状况、病原对动物组织的侵染特性以及产品加工处理的方式等因素都会影响动物产品生物安全。

（一）动物疫病流行状况

动物疫病的流行，可能直接导致动物产品携带疫病的风险增加。动物疫病危害动物产品的安全，主要是因为动物疫病可以使动物产品携带细菌、病毒和寄生虫，引起动物疫病的传播、人的发病甚至死亡。来自疫区的动物携带病原的可能性较大，动物屠宰后病原微生物存留于动物产品中，从动物疫病流行地区进口动物产品导致病原传入的风险较大，各个国家（地区）都明确禁止从疫情发生地区进口相关动物产品，防止境外疫情通过动物产品传入。为了确保全球动物疫病动态信息的透明公开，WOAH通过世界动物卫生信息系统（WAHIS）发布动物疫情信息，帮助各成员方及时掌握其他成员方的动物卫生状况，以利于他们制定相应的防控措施，包括动物及其产品的进口限制等，有效控制全球动物疫情的传播。

（二）病原侵染组织的特性

病原微生物侵染动物组织的特性是决定动物产品是否安全的重要因素。不同病原微生物感染动物后，在动物体内的分布情况是不一样的，同一病原微生物在同一动物不同组织的富集程度也存在差异。比如，狂犬病病毒主要存在于中枢神经系统和一些外周组织（如唾液腺），朊病毒主要存在于脑组织和脊髓，猪伪狂犬病病毒主要存在于猪的头和内脏组织，羊传染性无乳症的病原存在于血液中，可终身带毒，通过奶、排泄物等方式将病毒排出体外。不同病原体对动物组织的侵染部位和程度不同，对动物产品安全性的影响也不同。根据不同动物疫病对不同动物组织的侵染特性，针对某一特定名录疫病、感染或侵染，WOAH给出了一些主要动物疫病侵染后不影响动物产品生物安全的安全商品清单，以供各成员方在进行动物产品贸易时参考。

（三）产品加工处理条件

产品加工处理的方式也是影响动物产品安全性的重要因素。

1. 动物的屠宰加工条件可以影响动物产品的安全和质量。屠宰场的选址要符合环境保护和动物防疫等要求，远离污染源，同时整个屠宰线的设计、加工的机械化程度、卫生条件等应符合动物产品卫生加工条件要求。屠宰线设计合理、机械化程度高、卫生条件良好，产品相对受到交叉污染的可能性小，风险较低；反之，生产加工时交叉污染，会导致动物产品携带病原微生物的风险加大。

2. 动物屠宰加工的日常管理可以降低生物安全风险。加强对动物宰前和宰后的检查，可以减少染病动物进入屠宰线风险；在屠宰过程中，加强对屠宰线、加工器械的消毒，可以有效防止动物产品之间的交叉污染。

3. 产品加工的处理工艺可以灭活相关病原活性。产品加工过程中的温度、压力、时间、pH 值、酸碱处理、盐度、发酵、干燥、化学处理等工艺，对灭活相关病原起到巨大作用。如禽流感病毒对温度敏感，在核心温度 65℃条件下加热 42s 即可灭活。

4. 建立并执行良好的卫生管理体系可以降低交叉污染风险。如在屠宰加工中建立和应用危害分析和关键控制点体系、卫生标准操作程序、良好操作规范等。

四、认识 WOAH 安全商品清单

根据 WOAH《陆生动物卫生法典》，安全商品是指针对某一特定名录疫病、感染或侵染，不考虑其在商品的原产国或原产地疫病的风险状态，不需要采用风险缓解措施即可交易的商品，主要安全商品清单详见表 1-1。按照 WOAH 的建议，在进行安全商品贸易时，无论出口国（地区）动物疫病的风险状态如何，进口国（地区）的兽医当局不应对该名录疫病、感染或侵染提出与该病有关的限制性条件。

表 1-1　《陆生动物卫生法典》主要安全商品清单

疫病名称	名录分类	安全产品
炭疽	多种动物共患病	精液和胚胎
伪狂犬病	多种动物共患病	1. 家猪和野猪的鲜肉，不含副产品（头，胸和腹腔内脏）；2. 家猪和野猪肉制品，不含副产品（头，胸和腹腔内脏）；3. 动物源性产品，不含副产品（头，胸和腹腔内脏）

表1-1　续1

疫病名称	名录分类	安全产品
蓝舌病	多种动物共患病	1. 乳和乳制品；2. 肉和肉制品；3. 皮张和毛皮；4. 羊毛和纤维；5. 体内牛胚胎
布鲁氏菌病	多种动物共患病	1. 骨骼肌、脑和脊髓、消化道、胸腺、甲状腺和甲状旁腺及其衍生物；2. 鞣制皮张和毛皮；3. 明胶、胶原蛋白、油脂和肉骨粉
棘球蚴病（细粒棘球绦虫）	多种动物共患病	1. 骨骼肌肉及其制品；2. 加工脂肪；3. 肠衣；4. 乳和乳制品；5. 皮张和毛皮；6. 精液、卵母细胞和胚胎
棘球蚴病（多房棘球绦虫）	多种动物共患病	畜禽产品
流行性出血热病毒感染	多种动物共患病	1. 乳和乳制品；2. 肉和肉制品；3. 皮张、毛皮、鹿角和蹄；4. 羊毛和纤维
结核病	多种动物共患病	1. 来自宰前和宰后检验合格猪的鲜肉和肉制品；2. 加强处理的兽皮及其制品；3. 明胶、胶原蛋白、动物油脂和肉骨粉
裂谷热	多种动物共患病	1. 皮张和毛皮；2. 羊毛和纤维
旋毛线虫	多种动物共患病	1. 皮张、毛皮、毛发和猪鬃；2. 精液、卵母细胞和胚胎
西尼罗热	多种动物共患病	1. 种蛋；2. 食用蛋；3. 蛋制品；4. 禽精液；5. 禽肉和肉制品；6. 用于动物饲料或农业和工业禽源性产品；7. 禽羽毛和羽绒；8. 马精液；9. 马肉及制品
牛海绵状脑病	牛病	1. 乳及乳制品；2. 精液、体内胚胎；3. 皮张和毛皮；4. 明胶和胶原，仅指由大件皮和小件皮所制；5. 油脂（不溶杂质不超过0.15%）及油脂衍生物制品；6. 磷酸二钙（无蛋白及脂肪残留）；7. 剔骨骨骼肌（不包括机械分离肉，来源牛屠宰前未使用向颅内注射压缩空气或脑脊髓刺入击晕过程，宰前宰后检验合格，加工时未受到SRM交叉污染）；8. 血液和血液副产品（来源牛屠宰前未使用向颅内注射压缩空气或脑脊髓刺入击晕过程）

表1-1 续2

疫病名称	名录分类	安全产品
牛传染性胸膜肺炎	牛病	1. 乳和乳制品；2. 皮张和毛皮；3. 肉和肉制品（肺除外）
结节性皮肤病病毒感染	牛病	1. 骨骼肌肉；2. 肠衣；3. 明胶和胶原蛋白；4. 油脂；5. 蹄和角
马流感病毒感染	马病	1. 马科动物精液；2. 马科动物体内胚胎
小反刍兽疫	羊病	制革业化学及机械方法处理过的半成品大、小件生皮（浸灰皮、浸酸皮和半成革，如蓝湿皮和半硝革）
痒病	羊病	1. 体内采集绵羊胚胎；2. 肉（SRM 除外）；3. 皮张和毛皮；4. 明胶；5. 胶原蛋白（来自皮张和毛皮）；6. 油脂（不可溶杂质含量小于 0.15%）及其衍生产品；7. 磷酸氢钙（无蛋白质或脂肪残留）；8. 羊毛或纤维
非洲猪瘟	猪病	1. F_0 值≥3 密封容器包装肉；2. 明胶
猪繁殖与呼吸综合征	猪病	1. 皮草、生皮和皮革制品；2. 猪鬃；3. 肉制品；4. 肉骨粉；5. 血液制品；6. 肠衣；7. 明胶
猪带绦虫感染	猪病	1. 加工脂肪；2. 肠衣；3. 制革业中化学和机械处理半加工毛皮；4. 鬃毛、蹄和骨头；5. 精液、卵细胞和胚胎

　　但是，在实际贸易中，各国（地区）兽医主管部门都将在加工动物产品时是否存在被其他风险组织污染的可能性作为风险因素。例如，根据WOAH《陆生动物卫生法典》建议，在考虑出口国（地区）牛海绵状脑病风险状态时，牛剔骨骨骼肌（不包括机械分离肉，来源牛屠宰前未使用向颅内注射压缩空气或脑脊髓刺入击晕过程，宰前宰后检验合格，加工时未受到特殊风险物质交叉污染）被列为安全商品，但在实际的国际贸易中，并没有简单将其列为安全商品。在屠宰加工过程中，脑和骨髓等作为牛海绵状脑病特殊风险物质，它们的有效去除方式直接影响其他产品的安全性。所以在进口牛剔骨骨骼肌时，要考虑出口国（地区）牛海绵状脑病风险状态、来源活牛的屠宰方式、牛肉在生产过程中特殊风险物质的去除方

式等，综合评估上述因素可能带来的风险。

第三节
认识动物疫病传播的危害

————————◇————————

在全球，由动物疫病的传播导致重大经济损失的事件屡有发生，彻底根除动物疫病往往会耗费大量的时间和费用。疫情发生后，由于发生地区消费恐慌和国际贸易限制，也会对整个产业带来危害和冲击。牛海绵状脑病、尼帕病、西尼罗热等外来动物疫病已入侵我国周边地区，时刻威胁着我国边境安全，传入我国的风险持续存在。如果这些动物传染病传入我国，不仅会给我国的畜牧业造成巨大的损失，还会直接影响我国动物产品的进出口贸易。

一、直接损失

一旦发生动物传染病疫情，各国（地区）通常采取封锁疫区、强制扑杀动物、销毁动物产品和相关物品等措施。根据动物传染病的传染性和危害程度，造成的经济损失不尽相同。一是给养殖企业带来损失，虽然各国（地区）都有疫情防控经济补偿制度，但都不足以弥补疫病给养殖企业带来的损失。二是国家（地区）为了扑灭疫情，花费大量的人力和财力，包括动物扑杀、无害化处理、病害动物损失补贴等。英国于 1985 年首次发生牛海绵状脑病，为宰杀疯牛病病例所在牛群、焚化病牛尸体以及对牧场和奶牛场进行补贴，当年经济损失达到 10.7 亿~14 亿美元。2007 年 11 月，俄罗斯暴发非洲猪瘟疫情，截至 2018 年年底共向 WOAH 报告了 1120 起疫情。非洲猪瘟给俄罗斯造成的直接经济损失接近 8300 万美元，间接经济损失 8.33 亿~12.5 亿美元。自 2018 年我国发生非洲猪瘟疫情后，截至 2019 年 4 月，全国先后发生 122 起非洲猪瘟，因疫情扑杀生猪约 101.1 万头，中央财政发放非洲猪瘟强制扑杀补助经费达 6.3 亿元。

一方面，通过使用疫苗可有效控制动物疫情的发生；另一方面，通过逐步建立生物安全隔离区净化动物，最终可达到消灭传染病的目的。牛瘟是人类根除的第一个动物疫病，是继天花之后第二个被宣布消灭的传染病，为根除牛瘟人类付出了漫长的时间和巨大的努力。牛瘟是由牛瘟病毒引起的一种牛的传染病，它通过直接接触和污染物传播，会对牛群和有蹄类动物肌体造成致命的破坏，疫情暴发期的死亡率可达100%。长期以来，该疫病已造成数以万计的水牛、牦牛及其近缘野生种群死亡，给人类带来重大经济损失和严重的饥荒与社会动乱。20世纪中叶，一些国家（地区）开始对水牛等注射新的疫苗，同时开展区域性联防运动；80年代后期，联合国粮食及农业组织开始在全球范围内就疫病防治展开协作，提出了根除牛瘟的总体计划；1994年，联合国粮食及农业组织正式实施根除计划；2011年8月，联合国粮食及农业组织正式宣布，自然界的牛瘟病毒已经从地球上彻底根除。据估计，为根除牛瘟，1945—2011年，全世界总共花了50亿美元。

二、间接损失

动物疫病发生所带来的间接后果，是对动物和动物产品的国际贸易造成影响。

近年来，动物疫情影响动物产品国际贸易的事件接连不断，包括牛海绵状脑病、口蹄疫、禽流感、非洲猪瘟等传染性强、危害严重的疫病。在各国（地区）采取的预防措施中，首先禁止从疫病发生地区进口动物和动物产品，并加强对入境动物和动物产品的检验检疫。在肉类产品国际贸易中，贸易的中断将导致进口消费依赖国（地区）可供消费的产品减少；对出口国（地区）来说，如果生产国（地区）对动物产品出口依赖较高，贸易中断所带来的市场损失会比较严重，如丹麦的猪肉产业以及泰国的禽肉产业。通常情况是，一方面出口贸易受阻，另一方面贸易的突然中止导致本国（地区）市场供应量激增，市场价格大跌，给养殖业及相关产业带来重大影响。2021年9月，巴西发生非典型疯牛病，巴西根据中巴双边议定书要求宣布暂停对中国出口牛肉。2020年巴西出口中国牛肉已占中国牛肉进口总量的四成，暂停巴西牛肉输华无疑会给巴西的牛肉产业造成重创。当时，巴西牛肉屠宰企业每周的屠宰数量以及开工天数迅速下降，动物的养殖成本增加，活牛收购价下跌，给巴西经济造成重大影响。与此同时，巴西牛肉暂停输华，也给其他的牛肉出口国（地区）创造了输华的机会，对中国牛肉市场的格局产生一定的影响。

三、威胁人类健康

动物与人类休戚相关，许多传染病与寄生虫病为人畜共患病，可在人与动物之间互相传播。全球一体化加快了疫病在世界范围内的传播。亨德拉、尼帕病、西尼罗热、疯牛病、猴痘等重大疫病已经威胁我国人民的卫生健康，随时可能传入我国。过去已得到控制的一些传染病，比如狂犬病、布鲁氏菌病、结核病、链球菌病、炭疽、乙型脑炎、口蹄疫、流感等，近几年来发病率不断回升，不仅威胁着养殖业的发展，对人类的健康也造成重大影响。口蹄疫、禽流感和牛海绵状脑病等都可能通过动物产品传染给人，就传染性而言，高致病性禽流感和口蹄疫对禽类和牲畜具有极强的传染性且难以被控制，高致病性 H5N1 型禽流感可以通过人类与患病禽类的密切接触传播给人类。牛海绵状脑病并不具备很强的传染性且传播速度也不是很快，但受牛海绵状脑病感染的肉制品仍可能存在很高传播风险，牛海绵状脑病的病原不能通过常规的烹饪方式消除，且人一旦感染，没有有效的治疗方法。动物产品的安全性直接威胁着人类的健康，由人畜共患传染病引发的公共卫生事件，给食品安全和公共卫生带来了严重的威胁。

随着社会的发展，人类对自然界的过度开发，全球环境的恶化，导致生物群体生态链被破坏，物种之间固有的保护屏障被打破。病原微生物通过突变和渐变实现自身的变异和进化，导致人畜共患病的发生出现新的特点。如高致病性禽流感病毒，最早在家禽、水禽和野鸟中流行传播，对水禽和哺乳动物不致病，但因分节段 RNA 病毒自身特性，流感病毒以抗原漂移和抗原转换的方式进化出新型毒株，跨越了种间屏障，不仅能使水禽高度感染并严重发病甚至死亡，而且可感染哺乳动物和人，并引起死亡，对人类和动物的健康造成严重的危害。这种情况表明，随着环境、气候和生态的变化，某些动物病原已经突破种间屏障，直接感染人，给人类造成巨大威胁，加大了人类防控疫病的难度。

第二章
进境动物产品生物安全风险

CHAPTER 2

随着人类活动越来越频繁、国际贸易不断增加，加上候鸟迁徙、病毒自身进化变异等因素，全球动物疫情日趋复杂。近年来研究数据表明，全球范围内疫病大流行的病原（如艾滋病病毒、流感病毒、狂犬病病毒等）大多数来源于动物。动物产品携带的生物安全风险因子，不仅可能将境外动物疫病引入我国，给我们的畜牧业造成严重危害，还可能危害人类的健康，引发严重的公共卫生事件。世界卫生组织统计资料表明，人传染病的60%来源于动物，50%的动物传染病可以传染给人。世界范围内由动物引起的人畜共患传染病愈演愈烈。目前已经证实的人畜共患传染病有200多种，其中大多数由家畜、驯养动物、宠物和野生动物传染给人类，或通过动物产品传染给人类。这些疫病直接影响了人类的健康和畜牧业的发展。因此，动物性食品安全问题目前受到了世界上各个国家（地区）的广泛关注，食源性疾病和动物传染病直接影响公共卫生健康。

因此，重新认识、研究新发生的和再度出现的危害严重的动物传染病、寄生虫病的现状和发展趋势，充分发挥国境口岸国门生物安全的防线作用，对保障畜牧业的发展和人类的健康都有十分重要的意义。

第一节
有害微生物

微生物是全球食物中毒的首要原因。初级加工的畜肉、禽肉和水产品等是重要的国际化商品，也是人类肠道疾病的重要来源，可能携带的沙门氏菌属、单核细胞增生李斯特菌、副溶血性弧菌、空肠弯曲菌、致泻性大肠埃希氏菌、金黄色葡萄球菌、小肠结肠炎耶尔森氏菌等是备受关注的食源性致病菌。这些病原体会导致疾病，主要是由不恰当的烹饪或处理过程造成，也可能因为从生制产品传给即食食品造成交叉污染。本节选择以下几种在动物产品中有代表性的有害微生物略作介绍。

一、单核细胞增生李斯特菌

单核细胞增生李斯特菌于 20 世纪初被发现，报道的第一例人类李斯特菌病发生在 1929 年。该菌引发的疾病与菌体致病力和宿主的健康状态密切相关。健康人体通常具有较强的免疫力，呈无症状或轻微流感样症状。易感人群为肿瘤、免疫缺陷、酒精中毒、糖尿病和心血管疾病、接受皮质类固醇治疗的患者，常见脑膜炎和脓毒血症。脑膜炎的致死率高达 70%，败血症的死亡率达 50%。孕妇感染李斯特菌，可致流产、早产或死胎，新生儿感染后死亡率超过 80%。85%~90% 的病例是由被污染的食品引起的。

单核细胞增生李斯特菌广泛分布于自然界，与乳制品和青贮饲料密切相关，在奶酪、新鲜和冷冻肉类、家禽、海产品中都曾被发现。该菌可在 -0.4℃~45℃ 繁殖，耐反复冻融，是冷藏食品（尤其是生食）威胁人类健康的主要病原菌之一。2018 年 3 月，南非暴发单核细胞增生李斯特菌疫情，媒介是当地一家知名食品公司生产的猪肉肠。统计数据显示，从 2017 年 1 月至 2018 年 3 月，当地已经确诊 948 例李斯特菌感染病例，其中 180 人死亡。

有研究报道，4%~8% 的水产品、5%~10% 的乳及其产品、30% 以上的肉制品及 15% 以上的家禽均存在单核细胞增生李斯特氏菌。有些国家（地区）通过制定法律、标准、方针来限制单核细胞增生李斯特菌在食品中的数量，特别是冷链的速食食品。我国食品安全标准中，对乳制品、肉制品和水产制品、即食果蔬和冷冻饮品，均有不得从中检出单核细胞增生李斯特氏菌的要求。

二、副溶血性弧菌

世界上首例副溶血性弧菌食物中毒于 1950 年发生在日本，我国副溶血性弧菌最早的报道见于 1962 年，美国发生于 1971 年。副溶血性弧菌肠胃炎几乎均由海产品引发，该菌也可引起肠道外感染。

副溶血性弧菌的天然生活环境是海洋，在 9.5℃~10℃ 即可在食品中生长。夏秋季节的沿海地区，经常发生由食用受污染的海产品引起的暴发性食物中毒事件。据统计，2014 年，我国每年因副溶血性弧菌导致急性腹泻约 665.5 万人，导致胃肠炎病例超 700 万，副溶血性弧菌感染的食源性中毒比例为 68.0%，远高于发达国家。食物中毒的最主要原因是水产品加工不当和交叉污染。除我国外，日本和韩国的发病率也较高，在日本，副溶血性弧菌中毒病例有些年份甚至可以超过沙门氏菌病例。而据世界卫生组织监测，近年来副溶血性弧菌性肠胃炎病例有全球性增多的趋势。美国，甚至北欧国家，数值均有上升。

能够携带和传播弧菌的动物产品主要是海产品，包括牡蛎、虾、螃蟹、龙虾、蛤蜊和相关甲壳动物。我国食品安全标准中，对水产制品和水产调味品，有针对副溶血性弧菌的限量要求。

三、致泻性大肠埃希氏菌

大肠埃希氏菌为动物肠道中的常居菌，多为不致病，在一定条件下可引起肠道外感染。其中某些血清型的菌株可引起人类腹泻等疾病。1971年，美国 14 个州因进口的乳制品受到肠侵袭性大肠埃希氏菌（EIEC）污染，造成 400 多人患病，从而确认了大肠埃希氏菌为食源性病原菌。20 世纪八九十年代，美国多次暴发肉源性的大肠埃希氏菌感染疾病。

根据发病症状和特征，以及培养性状及血清学影响，可以将此类大肠埃希氏菌分为 5 个毒性组：肠道凝集性大肠埃希氏菌（EAEC）、肠出血性大肠埃希氏菌（EHEC）、肠侵袭性大肠埃希氏菌（EIEC）、肠道致病性大肠埃希氏菌（EPEC）和肠产毒性大肠埃希氏菌（ETEC）。

与动物产品相关性最大的是肠出血性大肠埃希氏菌，该菌株在肉类、乳制品、家畜、海产品中的流行情况和致病率差别很大。美国的一项研究发现，其阳性检出率为小牛肉（幼小牛肉）>羊肉>牛肉>猪肉>鸡肉>鱼>火鸡>贝类。和其他食品相比，肠出血性大肠埃希氏菌的暴发显然与牛肉关系更大，其次为乳制品和香肠。该菌可引起人的出血性腹泻（HC）。据估计，2%~7% 的患者会发展成溶血性尿毒综合征（HUS），症状包括溶血性贫血、血小板减少和急性肾衰竭。1985 年，相关机构确认溶血性尿毒综合征是由肠出血性大肠埃希氏菌直接引起的。

食品已经被证实是 EIEC、EPEC 和 ETEC 的传播源，该病也在人与人之间传播。人群普遍易感，以老人和儿童为主，且易导致较严重的症状。

致泻性大肠埃希氏菌也是旅行者腹泻的主要病原菌之一。2011 年，德国发生 EHEC 感染暴发疫情，报告 276 例与此次暴发相关的溶血性尿毒综合征病例，其中 2 例死亡。瑞典、丹麦、荷兰和英国也有病例报告，且均有赴德国的旅行史。

我国的食品安全标准规定，牛肉制品、即食生肉制品、发酵肉制品和去皮预切的即食果蔬制品中，不得含有致泻性大肠埃希氏菌。

四、霍乱弧菌

霍乱弧菌与副溶血性弧菌同属弧菌科弧菌属，也是水体来源的病原菌，因人类重要的传染病霍乱而受到关注。其临床表现为剧烈的呕吐和腹泻，严重者可导致脱水休克甚至死亡。不同于普通肠胃炎，霍乱弧菌可产毒素造成分泌性腹泻，即使不再进食也会不断腹泻，最终导致患者脱水。而霍乱疫情可迅速流行，流行期间发病率和死亡率高，危害极大。

霍乱已经存在了多个世纪，在 19 世纪暴发。1854 年，首次发现霍乱的病原体可在人体内繁殖并通过受污染的水传播；1883 年，德国科学家在埃及成功分离出霍乱弧菌，并确认其为霍乱的病因。迄今霍乱弧菌已在历史上引起 7 次有记录的霍乱大流行，人员伤亡和经济损失惨重，给人类社会造成深远的影响，其中 O1 和 O139 这两种霍乱弧菌的血清型可引起暴发性疾病，非 O1、非 O139 霍乱弧菌通常引起轻度腹泻。

随着人类对饮用水的卫生控制和对霍乱的针对性防治措施，全球范围内因水源污染造成的霍乱暴发呈下降趋势。然而，以水生动植物及食品为载体的霍乱弧菌感染仍呈散发态势，主要涉及牡蛎等甲壳动物和海藻等。有研究显示，低温条件下，霍乱弧菌在肉中可存活 3 个月以上，在牛奶中可存活 30 天以上。

霍乱是世界卫生组织认定的国际检疫传染病。世界各国（地区）必须贯彻预防为主的方针，做好进出境检疫工作，严防传入。对病人应采取隔离措施，必要时依法实行疫区封锁，以免疾病扩散。

第二节
主要人畜共患病

一、巴氏杆菌病

巴氏杆菌病（Pasteurellosis）是由多杀性巴氏杆菌（*Pasteurella multoci-da*，P. m）引起的一种急性、热性传染疾病。动物巴氏杆菌病的急性型常以败血症和出血性炎症为主要特征，过去又叫"出血性败血症"；慢性型常表现为皮下结缔组织、关节及各脏器的化脓性病灶，多与其他疾病混合感染或继发。WOAH将牛出血性败血症列入须通报的动物疫病名录，《中华人民共和国进境动物检疫疫病名录》将巴氏杆菌病列入二类传染病、寄生虫病中的共患病，农业农村部《一、二、三类动物疫病病种名录》将其列为三类动物疫病管理。

多杀性巴氏杆菌可感染猪、马、牛、禽类等多种动物，引起猪肺疫、牛出血性败血症、禽霍乱等。人也可感染此病菌，引起心包炎、臭鼻症等。其血清型众多，共16种，在毒力及流行病学等方面的生物学特性差异很大。其中危害较大的为牛出血性败血症，又叫奶牛巴氏杆菌病，也叫清水症，是急性、热性、人畜（禽）共患传染病。其主要临床特征是发热、寒战、流涎、咳嗽、呼吸困难、食欲废绝、产奶量下降。

畜群中发生巴氏杆菌病时，往往查不出传染源，巴氏杆菌是家畜的常在菌，平时就存在于家畜体内，如呼吸道，出于寒冷、闷热、气候剧变、潮湿、拥挤、圈舍、通风不良、营养缺乏、饲料突变、长途运输、寄生虫病等诱因，家畜免疫力降低，病菌可乘机经淋巴进入血液发生内源感染，随病畜排泄物排出病菌污染饲草、饮水、用具和外界环境，经消化道传染给健畜，或经咳嗽、喷嚏排出病菌，通过飞沫经呼吸道传染，经吸血昆虫的媒介和皮肤伤口也可传染病菌。

二、布鲁氏菌病

布鲁氏菌病（Brucellosis）是由布氏杆菌属（*Brucella*）细菌引起的以感染家畜为主的人畜共患传染病，主要侵害性成熟动物，侵害生殖器官，以引发胎膜发炎、流产、不育、睾丸炎及各种组织的局部病变为特征；人感染表现为发热、多汗、关节痛、神经痛及肝、脾肿大，病程长，并易复发。布鲁氏菌病（羊种、猪种、牛种）和绵羊附睾炎（绵羊种）已被列入WOAH须通报的动物疫病名录，我国也将布鲁氏菌病（羊种、猪种、牛种）列入《中华人民共和国进境动物检疫疫病名录》二类动物传染病、寄生虫病，农业农村部《一、二、三类动物疫病病种名录》将其列为二类动物疫病管理。

世界上有200多种动物可感染布鲁氏菌病，家畜中，羊、牛和猪最常感染布鲁氏菌病。根据抗体的变化和主要宿主，把布氏杆菌属的细菌分成7个种，即羊种布氏杆菌（*B. melitensis*）、猪种布氏杆菌（*B. suis*）、牛种布氏杆菌（*B. abortus*）、犬种布氏杆菌（*B. canis*）、绵羊种布氏杆菌（*B. ovis*）、森林鼠种布氏杆菌（*B. neotomae*）和海洋哺乳动物布氏杆菌种（*B. maris*）。布鲁氏菌病呈世界性分布，可导致巨大的经济损失和严重的公共卫生问题。全世界每年因布鲁氏菌病造成的经济损失近30亿元。世界上有170多个国家和地区存在人、畜布鲁氏菌病，世界1/5~1/6的人受布鲁氏菌病威胁。在我国，约有25个省（自治区、直辖市）的人、畜有布鲁氏菌病存在和流行。20世纪80年代中期，世界布鲁氏菌病疫情开始回升，我国的布鲁氏菌病疫情于1993年后有所反弹。

三、结核病

结核病（Tuberculosis）是一种古老的、危害严重的人畜共患传染病，其病原为结核分枝杆菌（*Mycobacteria tuberculosis*），简称为结核杆菌。根据感染的机体不同，常见的结核病有人结核病、牛结核病和禽结核病，分别由结核分枝杆菌、牛分枝杆菌和禽分枝杆菌引起。牛结核病和人结核病可以相互感染，禽结核病也可以感染牛和人类。WOAH已将牛结核病列入须通报的动物疫病名录，《中华人民共和国进境动物检疫疫病名录》将其列为二类动物传染病、寄生虫病，农业农村部《一、二、三类动物疫病病种名录》将其列为二类动物疫病管理。2018 年，WOAH 将须通报的动物疫病名录中牛结核病修改为结核分枝杆菌复合感染。

结核杆菌可侵犯全身各组织器官，以肺部感染最多见。结核病严重影响人类健康和生命。在十七、十八世纪的欧洲，结核病被称为"白色瘟疫"，几乎 100% 的欧洲人被感染，死亡率达 25%。随着抗结核药物的不断发展和卫生条件的改善，结核病的发病率和死亡率大幅下降。

虽然大多数国家（地区）已控制牛群中结核病感染，但由于野生动物的持续感染，如英国的欧洲獾、美国部分地区的白尾鹿和新西兰的帚尾袋貂等，完全消除牛结核病比较困难。2000 年，英国全国兽群结核病的感染率为 2.8%，牛结核病给当地的畜牧业带来严重影响。一直以来，獾被认为是携带牛结核分枝杆菌的病毒库，在过去的十几年里，獾密度高的英国西南部地区，牛结核病发病率呈指数上升。1917—1940 年，美国提出并实施消灭牛结核病的计划，美国的牛结核病感染率在 1940 年迅速下降至0.48%，1967 年，部分州宣布无结核病牛群。1998 年，美国实现了无牛结核病目标，成为世界上第一个宣布实现根除牛结核病的国家。但由于存在野生动物和观赏动物结核病以及人类结核病，与牛群交互感染的可能，所以美国的牛群仍存在危险。从美国进境的良种奶牛中检出结核病阳性奶牛的现象时有发生，由此可见，牛结核病在美国尚未真正根除。同样位于美洲的巴西，1985 年牛结核病感染率为 5%，之后牛结核病迅速蔓延，1995年巴西的牛结核病感染率高达 21%。澳大利亚从 20 世纪 70 年代正式开始牛结核病的根除工作，新西兰随后也采取了有效措施，消灭了牛结核病。但近年来由于野生动物结核病的出现，牛结核病疫情卷土重来。

1990—2000 年，全球结核病发生和死亡人数统计显示，每年约有 900万新病例产生，300 万患者死亡。由于结核病的重要性，国际上规定，自1996 年起，每年 3 月 24 日为世界防治结核病日。牛结核病仍然是影响许多发展中国家（地区）动物和人类健康的一个严重问题。

四、炭疽

炭疽（Anthrax）是由炭疽芽孢杆菌（*Bacillus authracis*）引起的一种急性、烈性人畜共患和自然疫源性的传染病，可以从动物传播给人类。WOAH 将其列入须通报的动物疫病名录，我国将其列入《中华人民共和国进境动物检疫疫病名录》二类动物传染病、寄生虫病，农业农村部《一、二、三类动物疫病病种名录》将其列为二类动物疫病进行管理。

兽类炭疽以急性、热性、败血性为主要发病特点，具有天然孔出血、血液呈煤焦油样凝固不良、皮下及浆膜下结缔组织出血性浸润、脾脏显著肿大等主要病变特征；人炭疽以皮肤疱疹、溃疡、坏死、焦痂和周围组织广泛水肿为主要临床表现特点。具有发病快，死亡快，对人畜危害大的特点。

土壤中的炭疽孢子具有很强的生命力，即使在疫情暴发数年后被摄入也会导致疫病。孢子被潮湿的天气或深耕带到地表，反刍动物摄入后，这种疫病会再次出现。炭疽热发生在所有的陆地上，通常会导致高死亡率，主要在家养和野生食草动物，以及大多数哺乳动物和几种鸟类身上发生。

在人类身上，炭疽表现为三种不同的感染类型：皮肤、消化和吸入。

最常见的是皮肤感染，人们在接触含有炭疽孢子的动物或动物产品时被感染。炭疽杆菌不是侵入性的，需要皮肤有损伤才能感染。孢子通过皮肤的损伤或抓痕进入人体，引发皮肤感染，并逐步影响感染处周边的皮肤和组织。皮肤感染起初不容易被察觉，不过患处症状会随着时间推移而开始恶化，1~7 天后可能会引发全身感染，不经治疗，有 20% 的病死率。皮肤接触感染也是炭疽中最普遍的感染。

吸入炭疽是最严重的炭疽感染类型，其始于胸部淋巴结，并向全身扩散，最终导致严重呼吸困难和休克。通常在一周之内发病，如果不治疗存活率仅为 10%~15%，通过积极的治疗，治愈率也只有 50%。

消化道感染，主要是因为吃了感染炭疽的动物，生食这类动物或者在烹饪过程中没有完全煮熟就容易导致消化道感染。消化道感染通常也会在 7 天之内发病，如果不治疗，死亡率为 50%，而治疗后，60% 的患者能存活。

炭疽是一种可以用疫苗预防的疫病，也可以用抗生素治疗。正常情况下，人不易感染炭疽，但是炭疽孢子本身有着很好的适应性，而且具有高致病性和高死亡率。2001 年，炭疽孢子信流入美国邮政系统，导致 22 人感染，最终 5 人死亡，这引发了美国社会极大的恐慌。预防动物炭疽可以保护人类的公共健康。

五、沙门氏菌病

沙门氏菌病是指由各种类型沙门氏菌引起的人类、家畜以及野生禽兽不同形式疾病的总称。该菌属细菌，最早于 19 世纪分离自猪，目前有 58 种 O 抗原、54 种 H 抗原，个别菌还有 Vi 抗原，包括近 2000 个血清型，呈全世界流行。所有动物均对沙门氏杆菌敏感，一种血清型可感染多种动物，或一种动物可感染多个血清型。沙门氏菌可以分为宿主适应血清型和非宿主适应血清型，幼龄动物更易感。有的沙门氏菌属专对人类致病，有的只对动物致病，也有的对人和动物都致病。动物沙门氏菌病中羊流产沙门氏菌、鸡白痢、禽伤寒被 WOAH 列为须通报的动物疫病名录，羊流产沙门氏菌、鸡白痢、禽伤寒、马副伤寒、猪副伤寒、禽副伤寒被列入《中华人民共和国进境动物检疫疫病名录》二类动物传染病、寄生虫病，农业农村部《一、二、三类动物疫病病种名录》将其列为三类动物疫病进行管理。

在世界范围内，沙门氏菌常为引发细菌性食物中毒事件的首要原因。据世界卫生组织不完全统计，全球每年约有 1600 万感染沙门氏菌的病例，其中约 60 万病例死亡。美国疾病控制与预防中心数据显示，美国每年平均有 120 万人感染沙门氏菌，2 万~3 万人住院，几百人死亡。人感染的主要途径是食用了遭受污染的食物。虽然随病程发展，病原体通常能从肠道消失，但多达 5% 的患者在康复后会成为携带者。长期以来该菌在人类、动物与环境间形成循环传播，而动物产品和饲料的国际流通加速了这一循环，使沙门氏菌病形成了世界范围内的分布。与沙门氏菌食物中毒相关的食品主要包括畜禽肉及其制品、蛋类、乳制品、动物源性饲料和加工食品等。引起较大食物中毒事件的食物载体为蛋类和乳品，如美国在 1985 年和 1994 年暴发的两次沙门氏菌病，涉及人数均在 20 万以上，引起暴发的传播媒介均为制作冰激凌和乳制品所使用的牛奶。世界各国（地区）的食品安全要求中，几乎都把产品中不得检出沙门氏菌作为技术要求。

沙门氏菌病临诊上多表现为败血症和肠炎，也可使怀孕母畜发生流产，对幼畜、雏禽危害甚大，成年畜禽多呈慢性或隐性感染。患病与带菌动物是该病的主要传染源，经口感染是其最重要的传染途径，而被污染的饮水则是主要传播媒介。各种因素均可诱发该病。

羊沙门氏菌病是主要由鼠伤寒沙门氏菌、羊流产沙门氏菌、都柏林沙门氏菌引起的羊的一种传染病。以羊发生下痢、孕羊流产为特征，下痢型羔羊副伤寒多见于 15~20 日龄的羔羊，流产型副伤寒流产多见于妊娠的最后两个月。

鸡白痢是由鸡白痢沙门氏菌引起的鸡的传染病。主要特征为幼雏感染后常呈急性败血症，发病率和死亡率都高；成年鸡感染后，多呈慢性或隐性带菌，可随粪便排出，因卵巢带菌，严重影响孵化率和雏鸡成活率。

禽伤寒是由鸡伤寒沙门氏菌引起的传染性疫病，在我国有相当高的感染率，主要发生于鸡，鸭、鹌鹑、野鸡等也可感染。主要危害 3 月龄以上的成年鸡，雏鸡感染时症状与鸡白痢相似。主要经蛋垂直传播，也可通过接触病鸡或污染的饲料、饮水等经消化道水平传播。该病发生无季节性，但以春、冬两季多发。

马沙门氏菌病，又称马副伤寒，由马流产沙门氏菌或鼠伤寒沙门氏菌等引起的一种以孕马流产为特征的马属动物传染病。初产母马和幼驹易感性更高。

猪沙门氏菌病，又名仔猪副伤寒，是由沙门氏菌属细菌引起的仔猪的一种传染病，主要表现为败血症和坏死性肠炎，有时发生脑炎、脑膜炎、卡他性或干酪性肺炎。世界各地均有发生。该病主要发生于 4 月龄以内的断乳仔猪。成年猪和哺乳猪很少发病。沙门氏菌属细菌可通过病猪或带菌猪的粪便、污染的水源和饲料等经消化道感染健康猪。鼠类也可传播该病。

禽副伤寒为各种家畜、家禽和人的共患病，引起家禽发生副伤寒的病原体是沙门氏菌属的细菌，种类很多，已超过 1000 种，最主要的是鼠伤寒沙门氏菌。大多数种类的温血和冷血动物都可发生副伤寒感染。家禽中，副伤寒感染最常见于鸡和火鸡。常在孵化后两周之内感染发病，6~10 天达最高峰。呈地方流行性，病死率在 10%~20% 不等，严重者高达 80% 以上。

六、衣原体病

衣原体（Chlamydia）是一组极小的，非运动性的，专在细胞内生长的微生物。衣原体可分为 4 种，即肺炎衣原体、鹦鹉热衣原体、沙眼衣原体和牛衣原体。其中被 WOAH 列入须通报的动物疫病名录的动物衣原体病有：禽衣原体病（鹦鹉热）和绵羊地方性流产（绵羊衣原体病）。这两种疫病也被列入《中华人民共和国进境动物检疫疫病名录》二类动物传染病、寄生虫病，农业农村部《一、二、三类动物疫病病种名录》将其列为三类动物疫病进行管理。

禽衣原体病（Fowl chlamydiosis）又名鹦鹉热、鸟疫，是由鹦鹉衣原体引起的一种十分重要的自然疫源性疫病，主要以呼吸道和消化道病变为特征，不仅会感染家禽和鸟类，也会危害人类的健康，给公共卫生带来严重威胁。1929—1930 年的一次大流行中，禽衣原体病至少波及 12 个国家（地区），由此引起世界关注。最初从鹦鹉中发现该病，之后人们逐渐认识到衣原体不仅仅局限于鹦鹉，而是在几乎所有的禽类中广泛流行，并且其他禽类的衣原体也能传染给人。该病在世界范围内均有发生，发病率和分布随禽的种类和衣原体的血清型不同有很大差异。鹦鹉主要感染一种血清型的衣原体，呈地方性流行，很多鹦鹉呈慢性感染。慢性感染的禽类遇到应激因素，可能会临床发病或向外排出衣原体。前些年，在我国进口鹦鹉中经常检查出阳性。在美国以火鸡感染禽衣原体病引起的人感染较多，西欧的人群感染主要来自鹦鹉和观赏鸟类，东欧以鸭和火鸡感染较多。我国最早是 20 世纪 50 年代在衣原体的血清学调查中发现了该病的存在。

绵羊衣原体病是指一种由鹦鹉热衣原体引起的绵羊传染病，以流产或多发性关节炎为特征。病羊和带菌羊是主要传染源。通过粪便、尿、乳汁以及流产的胎儿、胎衣和羊水排出病原菌，污染水源和饲料，也可由污染的尘埃和散布于空气的液滴，经呼吸道或眼结膜感染。

1949 年，Stamp 和 Nisbeth 首次在苏格兰报道了该病的发生，之后在英国、德国、法国、匈牙利、罗马尼亚、保加利亚、意大利、土耳其、新西兰、美国等多个国家（地区）相继报道了该病的发生。该病是造成欧洲、北美洲和非洲养羊业损失的主要原因，是造成羔羊流产最常见的原因。例如，该病导致英国大约 50%的羊流产，英国每年因绵羊衣原体病造成养羊业的经济损失就达到 1500 万英镑。近年，爱尔兰绵羊衣原体病发病率明显上升。我国对羊衣原体的研究始于 1978 年，兰州兽医研究所对青海、甘肃、内蒙古、西藏等地羊流产病进行了分离、鉴定及免疫学研究。

七、旋毛虫病

旋毛虫病（Trichinellosis）是一种严重的人畜共患寄生虫病，主要是由生食或半生食含有旋毛虫幼虫囊包的猪肉及其制品所致。在世界上一些发展中国家（如泰国、阿根廷及中国等），猪肉及其制品目前仍是人体旋毛虫病的主要传染源。旋毛虫病已被列入 WOAH 须通报的动物疫病名录，也被列入《中华人民共和国进境动物检疫疫病名录》二类传染病、寄生虫病，农业农村部《一、二、三类动物疫病病种名录》将其列为三类动物疫病进行管理。

国际贸易的全球化增加了旋毛虫病传播的机会。德国曾从西班牙进口的猪肉制品及从美国阿拉斯加进口的灰熊肉中检出旋毛虫，并曾因食用进口的熏火腿而导致人体旋毛虫病暴发。英国也发生了由食用从塞尔维亚进口的猪肉香肠而导致的旋毛虫病暴发。1998 年 12 月，在法国诺曼底发生的 1 起人体旋毛虫病疫情，就是由食用从美国进口的真空包装的野猪肉所致。1975—1998 年，在法国和意大利发生的 13 起由食用马肉而引起的人体旋毛虫病疫情，其中 12 起是由从北美（美国、加拿大及墨西哥）和东欧（波兰）进口的马肉所致。随着我国国际贸易的增多，每年有大量动物肉类进出口。因此，我国也有可能出口或从境外进口含有旋毛虫的动物肉类及其制品，这将影响我国的肉类贸易信誉或从境外输入旋毛虫病。在原无旋毛虫病流行或猪旋毛虫病已消灭的地区，进口的感染有旋毛虫的动物死亡后，如果其尸体未及时销毁，则可输入或重新导致旋毛虫病的流行。因此，对于进出口的活动物、肉类及肉类制品，均应加强旋毛虫的检疫。

八、尼帕病毒病

尼帕病毒病（Nipah virus disease，NVD）是一种新发生、人畜共患的病毒病，其病原是一种新型副黏病毒，可引起多种动物和人类患严重脑炎和呼吸系统疾病，发病率和死亡率高。尼帕病毒病已被列入 WOAH 须通报的动物疫病名录，《中华人民共和国进境动物检疫疫病名录》一类传染病、寄生虫病，农业农村部《一、二、三类动物疫病病种名录》将其列为一类动物疫病进行管理。

猪是尼帕病毒的天然宿主。猪感染后，病毒可在猪体内大量繁殖，病毒血症持续时间较长，可通过呼吸道、尿液、粪便等途径向外界散播病原，感染人和其他易感动物。该病能通过多种途径传播，主要传播方式为直接接触传播。病毒对许多消毒药敏感，经过消毒处理或有关工艺加工的皮、毛、绒及其制品不存在携带病毒的风险。病毒在适宜环境中存活良好。因此，鲜肉、内脏、未经处理的皮毛都可能携带病原。传统屠宰工艺中的温度、pH 对该病毒灭活能力有限。

已有研究表明，在马来西亚、新加坡、孟加拉国、印度、柬埔寨和泰国等国家（地区），均已发现尼帕病毒的存在，并且引发了严重的疫情。尼帕病毒病在全球，尤其在这些国家（地区）以外其他国家（地区）动物中的流行情况尚不清楚，因此，有存在更大范围蔓延的可能。我国与已发现尼帕病毒病存在的国家地理位置接近，地域广阔，且有该病毒存活的天然宿主，具备尼帕病毒传播流行的条件，随着我国与上述这些国家之间的商贸往来日益频繁，我国面临很大的传入风险。

对我国而言，尼帕病毒病是一种全新的致病性疾病，我国对该病毒的研究尚处在起步阶段，目前，针对尼帕病毒尚没有能够用于人类或动物的疗法或疫苗。我国是一个饲养生猪和食用猪肉的大国，人畜对该病毒还没有产生群体免疫力，一旦发生猪尼帕病毒病疫情，可能很快在猪群中扩散，造成经济方面的损失、社会方面的危害和对生态环境的破坏。

第三节
重大动物疫病

动物产品中存在潜在动物疫病风险，一方面，以动物产品为载体，通过国际交流和贸易向全世界传播，给全球的养殖业造成危害，如近年来流行的非洲猪瘟、口蹄疫等，给疫情流行国家（地区）带来不可估量的损失；另一方面，病原通过进化传染给人类，如禽流感、疯牛病等。动物疫病一旦传入，对各国（地区）的农业、经济和政治都会产生影响。以非洲猪瘟、禽流感、口蹄疫和牛海绵状脑病为例，它们在世界的传播和造成的危害给了我们深刻的教训。

一、非洲猪瘟

非洲猪瘟（African Swine Fever，ASF）是由非洲猪瘟病毒（African Swine Fever Virus，ASFV）感染引起的猪的一种急性、热性、高度接触性传染病。一旦发病，发病率和病死率可达100%，给疫情地区造成巨大的经济损失和社会影响。WOAH将非洲猪瘟列入须通报的动物疫病名录，《中华人民共和国进境动物检疫疫病名录》将其列入一类传染病，农业农村部《一、二、三类动物疫病病种名录》将其列为一类动物疫病。

非洲猪瘟最早出现在撒哈拉以南非洲地区，非洲猪瘟病毒的主要宿主是非洲野猪和疣猪，以吸食野猪血液为生的蜱虫是非洲猪瘟的传播媒介。在相当长时间内，撒哈拉沙漠阻挡了非洲猪瘟向北传播。但20世纪中叶，随着各大洲人员贸易往来越发频繁，该病毒开始向欧洲、美洲和亚洲蔓延。非洲猪瘟病毒能在非高温条件下长期存活，譬如在冷冻肉中可存活数年，在半熟肉及未经高温烧煮的火腿或香肠中可存活约半年。

1957年，从非洲安哥拉飞往欧洲葡萄牙的飞机上载有残余的猪肉制品，被当成泔水送往葡萄牙一家养猪场。这次事件被认为是当年葡萄牙出现非洲猪瘟疫情的源头，由此非洲猪瘟首次登陆欧洲。此后，西班牙、法国、意大利、比利时、荷兰等国均出现过疫情。

在美洲，古巴于1971年出现非洲猪瘟疫情。有报道说，当时有旅客携带未经检疫的香肠入境古巴，成为非洲猪瘟在当地暴发的源头。这波疫情让古巴损失惨重，全国共扑杀约50万头猪。随后，巴西、海地等美洲国家也出现了非洲猪瘟疫情。

2007年，非洲猪瘟传入高加索地区。当年6月，格鲁吉亚卫生部门首次报告发现非洲猪瘟，源头可能是通过黑海港口流入境内的被污染猪肉制品。随后，俄罗斯、乌克兰等国（地区）也出现疫情。2007—2017年，俄罗斯暴发1000多起非洲猪瘟，造成横跨俄罗斯46个地区80多万头猪的死亡，猪肉产量从2007年的1119万吨，减少到2017年的608万吨。

2018年8月以来，中国多地出现非洲猪瘟疫情，给养殖户造成巨大经济损失。

非洲猪瘟在全球肆虐，动物产品，特别是动物源性食品，在非洲猪瘟的"全球旅行"中起到了至关重要的作用。目前，世界各国（地区）为消灭非洲猪瘟付出了巨大代价。

二、禽流感

禽流感（Avian Influenza）是由正黏病毒科 A 型流感病毒引起的一种重要疫病。按照 WOAH《陆生动物卫生法典》第 10.4 章，高致病性禽流感（Highly Pathogenic Avian Influenza，HPAI）是对 6 周龄鸡的静脉接种致病指数（IVPI）大于 1.2，或静脉接种 4~8 周龄鸡产生至少 75% 死亡的禽流感。具有与高致病性禽流感（HPAI）病毒血凝素切割位点相同的氨基酸序列的 H5 和 H7 亚型流感病毒均归为高致病性禽流感病毒。虽然很多从禽鸟类分离出的 H5 和 H7 亚型病毒一直是低毒性的，但是目前所有报道的高致病性禽流感暴发都是由 H5 和 H7 亚型病毒引起的。WOAH 将高致病性禽流感列入须通报的动物疫病名录，《中华人民共和国进境动物检疫疫病名录》将其列入一类传染病，农业农村部《一、二、三类动物疫病病种名录》将其列入一类动物疫病。

近年来，禽流感在全球流行，可引发人的感染和死亡，对养禽业和人类健康造成重大威胁，引起全球范围的密切关注。禽流感病毒于 1878 年首次在意大利被发现。2004 年，亚洲地区暴发 H5N1 亚型禽流感疫情，给当地的养禽业造成了难以估量的损失，并且发生多次间接或直接接触活禽导致人类感染死亡的病例。我国于 2004 年公布有高致病性禽流感发生，这次疫情的暴发也重创了我国的养禽业。

人感染禽流感最早记载于 1981 年，美国一名患者感染了禽流感病毒 H7N7 亚型，引起结膜炎。1997 年和 1999 年，我国香港地区相继报道了 H5N1 亚型和 H9N9 亚型人感染禽流感病例，并造成死亡，第一次证实禽流感病毒可以跨越物种直接由禽传播给人类造成感染或死亡，在全世界引起广泛关注。近年来，各国（地区）零星报道了禽流感新亚型病毒感染人事件，我国各地也相继报道有人感染禽流感。禽流感威胁着人类安全，不断挑战公共卫生安全体系的底线。据不完全统计，全球感染禽流感的人数已经超过 1000 例。

一方面，禽流感病毒已经实现了跨种传播，直接威胁着人类的健康；另一方面，禽流感病毒是人流感病毒的庞大基因库，人类流感大流行的病毒来源于动物，都是通过种间传递，根源是禽流感病毒。结合禽流感病毒的特点和现有研究发现，携带病毒的禽类是人感染禽流感的主要传染源，人类感染禽流感的病例主要发生在职业暴露人群，如从事禽类养殖和宰杀的工作人员。世界卫生组织认为禽流感人传人的风险很低。减少和控制禽类，尤其是家禽间禽流感病毒的传播尤为重要。应做好动物疫病的流行病调查和病毒学监测，不断增进对禽流感的科学认识，及时发现聚集性病例和病毒变异，采取相应的干预和应对措施，防止疫病的流行和扩散。

三、口蹄疫

口蹄疫（Foot and Mouth Disease，FMD）是由小 RNA 病毒科（Picornaviridae）口蹄疫病毒属（*Aphthovirus*）口蹄疫病毒（Foot－and－Mouth disease virus）引起的一种急性、热性、高度传染性疫病，主要感染牛、羊、猪等偶蹄动物，易感动物达 70 多种，偶尔也感染人。口蹄疫病毒可分为 O、A、C 型，亚洲 1 型，南非 1、2、3 型共 7 个不同的血清型和 60 多个亚型。WOAH 将口蹄疫列入须通报的动物疫病名录，《中华人民共和国进境动物检疫疫病名录》将其列入一类传染病，农业农村部《一、二、三类动物疫病病种名录》将其列入一类动物疫病。

牛，尤其是犊牛，对口蹄疫病毒最易感，骆驼、绵羊、山羊次之，猪也可感染发病。口蹄疫具有流行快、传播广、发病急、危害大等流行病学特点，疫区发病率可达 50%～100%，犊牛死亡率较高，其他动物死亡率则较低。病畜和潜伏期动物是最危险的传染源。病畜的水疱液、乳汁、尿液、口涎、泪液和粪便中均含有病毒，且病毒对外界环境的适应性很强，在冰冻情况下，血液及粪便中的病毒可存活 120～170 天。病毒入侵途径主要是消化道，也可经呼吸道传染，动物感染后最快十几个小时就可以排毒发病。

由于口蹄疫病毒传播途径多、速度快，曾多次在世界范围内暴发流行，造成巨大经济损失。1997 年，口蹄疫在世界范围内广泛传播，对全世界的牛肉和猪肉贸易造成重大影响。2000 年 3 月，韩国和日本暴发口蹄疫，仅一个月，病毒进入俄罗斯和蒙古国等国家和地区。2001 年 2 月，英国暴发口蹄疫，之后扩散到欧洲各国（地区）。目前，有 2/3 的 WOAH 成员流行口蹄疫，时刻威胁着无口蹄疫国家和地区的家畜安全和畜产品贸易。

长久以来，世界牛肉、猪肉贸易区分口蹄疫疫区和非疫区。20 世纪，口蹄疫非疫区相对稳定，主要有美国、加拿大、澳大利亚、新西兰、日本、韩国等国家（地区）。由于这些国家（地区）彼此认证对方为口蹄疫非疫区，动物检疫的技术壁垒通常不会影响这些国家（地区）相关产品的贸易出口。现在，WOAH 对口蹄疫实施了官方认可，各成员根据风险状态不同，分为非免疫无口蹄疫国家（地区）、免疫无口蹄疫国家（地区）和口蹄疫感染国家（地区）。没有获得 WOAH 无疫认可的国家（地区），其鲜肉和冷冻肉的出口受到严格限制。我国严禁从口蹄疫感染国家（地区）进口鲜肉和冷冻肉。世界各国（地区）相关动物产品的贸易禁令，严重影响了各国（地区）的经济，成为各国（地区）之间的贸易壁垒。

四、牛海绵状脑病

牛海绵状脑病（Bovine Spongiform Encephlopath，BSE）俗称疯牛病，是一种消耗性、致死性的慢性传染病，其主要特征是牛大脑呈海绵状病变，引起大脑功能退化，精神状态失常，共济失调，感觉过敏和中枢神经系统灰质空泡化。WOAH 将牛海绵状脑病列为须通报的动物疫病名录，《中华人民共和国进境动物检疫疫病名录》将其列入一类传染病，农业农村部《一、二、三类动物疫病病种名录》将其列入一类动物疫病。

1985 年，英国首次发现牛海绵状脑病，之后逐渐在世界范围内蔓延开来，对养牛业、饮食业以及人的生命安全造成巨大威胁。20 世纪 80 年代中期至 90 年代中期是其暴发流行期。截至 2004 年，仅英国已经确诊的病牛就有 179000 头，涉及 35181 个农场，共屠宰和焚烧病牛 1100 多万头，经济损失达数百亿英镑。30 多年来，疯牛病已扩散到了欧洲、美洲和亚洲的 31 个国家（地区），造成了巨大的经济损失和社会恐慌。

1996 年以前，人们一致认为该病只会影响牲畜，对人类健康不构成威胁。但当英国政府宣布一种新发现的人类疾病——变异型克雅氏病可能与疯牛病存在关联时，人类对疯牛病的关注立刻上升到对人类健康关注的高度。

2003 年 5 月，加拿大发现了第一例疯牛病病例。随后，包括美国在内的加拿大所有主要贸易伙伴都立刻颁布禁令，限制或禁止加拿大的牛肉和活牛进口。2003 年 12 月，美国华盛顿州也发现了受疯牛病感染的母牛，导致包括加拿大、墨西哥在内的 70 多个国家（地区）对美国的牛肉及活牛颁布严格的进口禁令。美国的牛肉出口量迅速从 2003 年的 25 亿磅下降到 2004 年的 4.61 亿磅。进口禁令对美国牛肉贸易乃至经济的影响是巨大的。2003 年美国首次发现疯牛病病例后，中国发布禁令禁止从美国进口活牛及其产品。此后的十多年里，美国为了其牛肉重回中国市场，付出巨大的努力，多次派出专家团队到中国进行技术磋商和双边谈判。2017 年 5 月，经过为期一周的艰苦谈判，美国牛肉重新进入中国市场，但增加了检验检疫的条款，对产品范围和来源都进行了限制。疯牛病的发生对美国庞大的牛肉业以及整个美国经济都造成了严重打击。

五、猪水疱病

猪水疱病（Swine Vesicular Disease，SVD）是由小 RNA 病毒科（Picornaviridae）肠道病毒属（*Enterovirus*）的猪水疱病病毒引起的猪的一种热性、接触性急性传染病，其特征是在猪的蹄部、鼻端、口腔黏膜、乳房皮肤发生水疱。WOAH 将该病列入须通报的动物疫病名录，《中华人民共和国进境动物检疫疫病名录》将其列入一类传染病，农业农村部《一、二、三类动物疫病病种名录》将其列入一类动物疫病。

猪水疱病主要集中在欧洲和亚洲地区，发病无明显的季节性，不同品种、年龄的猪均可感染发病，传播速度快，发病率高，可达 70%~80%，但病死率很低。猪水疱病病毒几乎可以在猪所有组织内存在，能在 pH 值 2.5~12.0 的范围内存活，并且对许多常用的消毒剂有抵抗力。有资料认为，病毒在冷冻的肌肉中至少能存活 11 个月，在火腿、腊肠或肠衣的制作过程中病毒的活性不受影响。猪水疱病通过进口猪肉产品传入的可能性较大。1966 年 10 月，猪水疱病首先发生于意大利 Lombardy 的猪群，之后在欧洲的许多国家（地区）相继发生猪水疱病的流行蔓延，引起严重的经济损失并导致世界肉食市场的混乱。1971 年，在中国香港地区发现猪水疱病，随后英国、奥地利、法国、波兰、比利时、德国、日本、瑞士、匈牙利等国家和地区先后报道发生该病。1973 年，联合国粮食及农业组织召开第 20 届会议和国际兽疫局第 41 届大会，确认了该病是一种新病，定名为"猪水疱病"。

病猪、潜伏期的猪和病愈带毒猪是猪水疱病的主要传染源，通过粪便、尿、水疱液、奶排出病毒。接触含病毒的未经消毒的泔水和屠宰下脚料、生猪交易、运输工具（被污染的车、船）等都可感染。被病毒污染的饲料、垫草、运动场和用具以及饲养员等往往造成该病传播。猪水疱病一年四季均可发病，病毒通过受伤的蹄部、鼻端皮肤、消化道黏膜进入体内。牛、羊与病猪接触，不表现出病状，但曾有报道可短期带毒。

猪水疱病虽然不引起致死性感染，但是其临床症状与口蹄疫、水疱性口炎和水疱疹相似，临床上难以区分。猪水疱病存在不产生任何临床症状或只产生非常轻微临床症状的毒株，可以在环境中持续存在，所以控制猪水疱病比较困难，控制措施的费用很大，一旦传入，很难清除。中国是世界上最大的生猪生产国和消费国，猪水疱病一旦传入并大规模暴发，将对我国养猪业造成极大冲击，给我国经济带来巨大损失。

六、牛肺疫

牛传染性胸膜肺炎（Infection with *Mycoplasma mycoides* subsp. *mycoides* SC）又称牛肺疫、烂肺病，是由丝状支原体丝状亚种小型菌落（SC 型）引起的牛的一种急性、热性、高度接触性呼吸系统传染病，主要侵害肺和胸膜，临床以高热、咳嗽、大理石样肺和浆液纤维素性胸膜肺炎为特征。WOAH 将该病列入须通报的动物疫病名录，《中华人民共和国进境动物检疫疫病名录》将其列入一类传染病，农业农村部《一、二、三类动物疫病病种名录》将其列入一类动物疫病。

牛传染性胸膜肺炎是一种非常古老的疫病，16 世纪时该病只局限于欧洲的阿尔卑斯山和比利牛斯山地区。19 世纪，由于拿破仑发动战争和国际贸易，牛群发生大规模流动，该病迅速遍及欧洲大陆。19 世纪晚期到 20 世纪早期，该病由澳大利亚传播到新西兰、印度、中国、蒙古国、朝鲜和日本。之后，欧洲采取了禁止牛只流动、屠宰病牛、限制与感染牛接触、免疫接种等措施，但 1989 年在西班牙、1990 年在意大利仍有该病暴发的报道。目前牛传染性胸膜肺炎广泛流行于非洲，欧洲南部、中东及亚洲部分地区也有该病发生。

适宜的气候环境下，该病菌可传播到几千米以外，也可经胎盘传染。传染源为病牛、隐性带菌者，主要由健康牛与病牛直接接触传染，病菌经唾液、尿液排出，通过空气经呼吸道传播。牛群一旦感染此病，生产性能下降，也会发生死亡病例。此病流行时间长，牛群中数年内仍存在病牛。

牛传染性胸膜肺炎曾在许多国家（地区）的牛群中发生并造成巨大损失，是危害最严重的牛病之一。1949 年以前，该病曾在我国东北、内蒙古和西北部分地区大范围流行。据不完全统计，1949—1989 年，曾在全国 23 个地区发病，累计发病数约 47 万头，病死约 18 万头，死亡率高达 37.88%。在当时至少造成了 3.56 亿元的经济损失，导致牲畜严重短缺，农业生产受到严重破坏。1949 年以后，我国在全国范围内启动了牛肺疫消灭工作，成功研制出多种牛肺疫弱毒疫苗，结合严格的免疫、隔离、扑杀等综合性防治措施，有效控制了牛肺疫，并于 1996 年宣布在全国范围内消灭该病。2011 年我国被 WOAH 认可为无牛肺疫国家。由于我国已经消灭了牛肺疫，所以预防重点是防止病原从境外疫区传入。

七、小反刍兽疫

小反刍兽疫俗称羊瘟，又名小反刍兽假性牛瘟、肺肠炎、口炎肺肠炎复合症，是由小反刍兽疫病毒引起的一种急性病毒性传染病，主要感染小反刍动物，以发热、口炎、腹泻、肺炎为特征。WOAH 将该病列入须通报的动物疫病名录，《中华人民共和国进境动物检疫疫病名录》将其列入一类传染病，农业农村部《一、二、三类动物疫病病种名录》将其列入一类动物疫病。

1942 年，小反刍兽疫第一次在非洲的科特迪瓦被报道，随后的调查发现其广泛存在于大多数非洲国家，包括尼日利亚、塞内加尔和加纳。后来，小反刍兽疫的分布逐渐扩大到中东、南亚次大陆以及亚洲中部的部分地区。2008—2018 年间，许多国家（地区）开展了小反刍动物疫病社会经济研究。2006—2008 年间，在肯尼亚图尔卡纳小反刍兽疫暴发期间，超过 100 万只动物死亡，直接经济损失约为 240 万美元。2017 年，蒙古国报道，在国内小反刍动物和濒临灭绝的赛加羚羊种群中首次暴发小反刍兽疫。近年来，老挝、孟加拉国、印度、尼泊尔、俄罗斯、巴基斯坦和缅甸等国家（地区）都暴发过大规模疫情。2007 年我国西藏自治区日土县也发生过小反刍兽疫疫情。

山羊和绵羊是小反刍兽疫的易感动物，山羊较绵羊感染性高且临床症状较严重。据报道，感染小反刍兽疫的野生动物主要有印度水牛、单峰骆驼、小鹿瞪羚、汤氏瞪羚、努比亚山羊、大羚羊、美洲白尾鹿、中国岩羊等。可通过患病动物和隐性感染动物直接接触发生传播或间接传播。小反刍兽疫在多雨季节和干燥寒冷季节多发。潜伏期为 4～5 天，最长可达21 天。

八、猪瘟

猪瘟（Classical Swine Fever）是黄病毒科（Flaviviridae）瘟病毒属（*Pestivirus*）猪瘟病毒引起的猪的一种急性、热性和高度接触传染的病毒性传染病。其特征为发病急、高热稽留和细小血管壁变性、全身泛发性小点出血、脾梗死。猪瘟在世界养猪国家（地区）有不同程度的流行。WOAH将猪瘟列入须通报的动物疫病名录，《中华人民共和国进境动物检疫疫病名录》将其列入一类传染病，农业农村部《一、二、三类动物疫病病种名录》将其列入一类动物疫病。

猪瘟是猪病中危害极大，也最受重视的疫病之一，具有高度传染性，给世界养猪业造成了巨大的经济损失。在全球范围内，除一些国家（地区）如美国、澳大利亚和北欧的一些地区已经消灭猪瘟外，猪瘟在世界各地均有流行。根据近年来的猪瘟流行态势，中南美洲疫情稳定，疫病流行逐年减少；欧洲地区猪瘟流行活跃，仍然经常暴发疫情；东南亚地区属于老疫区，疫情仍然较重。世界各国（地区）纷纷制订并实施猪瘟的防治和根除计划。1983 年和 1984 年，荷兰为控制猪瘟，用于运输和销毁感染猪群、消毒房舍、赔偿畜主损失、疫苗注射以及防疫猪的鉴定和注册等的直接开支共 1.27 亿荷兰盾。英国于 1963 年开始实行强制性屠宰政策，经过3 年半的努力，于 1966 年消灭了猪瘟，为此共耗资 1200 万英镑。此后，除 1971 年曾发生过 3 次小规模疫情外，到 1986 年 3 月前一直保持无猪瘟国家的状态。美国于 1962 年开始实施联邦政府的猪瘟根除计划，在此之前，每年有 5000～6000 群猪被感染，经济损失年均约 5000 万美元。为根除猪瘟，美国共花费了 1.4 亿美元。

猪是猪瘟病毒的唯一一种自然宿主，该病仅在猪中发生，不同品种、性别、年龄的猪均易感，患病病猪、带毒猪是其主要传染源。该病传播途径多样，主要通过消化道传播，也可以通过鼻黏膜、结膜、生殖道黏膜、皮肤伤口等传播。猪发病年龄小，呈现典型和非典型猪瘟共存、持续感染和隐性感染共存的情况。目前我国猪瘟呈不间断流行，流行范围呈散发。猪肉与猪肉制品交易也是造成猪瘟病毒水平传播的途径之一。病毒在猪肉或猪肉制品中能存活并保持感染性，冷冻状态下能存活 6 个月。病毒在传统方法腌制肉品中至少能存活 27 天，在用浓度高达 71.4% 的盐腌制的火腿中能存活 102 天。调运猪肉或猪肉产品可远距离传播病毒，通过国际或地区间贸易，甚至可将猪瘟病毒引入无猪瘟的国家或地区。中国是猪肉和猪副产品生产与消费大国，猪肉及猪副产品频繁交易为猪瘟病毒传播创造了一定的条件。

如果猪瘟侵入野猪群，要彻底根除猪瘟就十分困难，可影响动物及产品的对外贸易。1982 年欧洲共同体（EC）成员开始采取根除猪瘟的共同计划，按照 EC 条例规定，只有来自符合法定无猪瘟条件（即在过去的 12 月内未暴发猪瘟和未注射过猪瘟疫苗，不存在免疫猪）的国家或地区的猪和猪肉制品才能取得在欧洲共同体自由贸易的许可证。

九、新城疫

新城疫（Newcastle Disease，ND）是由新城疫病毒（Newcastle Disease Virus，NDV）引起的多发于鸡、火鸡等禽类的一种急性、高度接触性传染病。新城疫病毒属于副黏病毒科禽腮腺炎病毒属。有报道称新城疫病毒已感染至少 236 种鸟，50 个鸟的种属中有 27 个已经被感染。似乎所有鸟都对新城疫易感。已经在所有年龄段的鸵鸟中发现新城疫，不到 6 月龄的鸟类最容易感染。在封闭的鸡舍极易发生严重呼吸道疾病，且死亡率高，而在户外，鸵鸟通常通过口腔摄入粪便或水而感染疫病，导致发生神经症状。WOAH 将新城疫列入须通报的动物疫病名录，《中华人民共和国进境动物检疫疫病名录》将其列入一类传染病，农业农村部《一、二、三类动物疫病病种名录》将其列入一类动物疫病。

新城疫于 1926 年首次暴发于印度尼西亚的爪哇和英国的纽卡斯尔地区。在非洲、亚洲、中美洲大部分地区和南美洲部分地区，新城疫呈地方流行性，时有发生。虽然各国（地区）政府进行广泛的免疫预防，但仍有散发性流行。该病至少发生过 4 次大规模流行。第一次大流行可能起源于东南亚，然后从亚洲慢慢传到欧洲，意味着 1926 年出现的散发病例病毒经过 30 多年传遍了全世界，直到 20 世纪 60 年代早期在大多数国家（地区）仍有病例。第二次大流行发生在 20 世纪 60 年代后期，始于中东地区，到 1973 年已扩散到大部分国家（地区），这次流行传播较快，可能是因为养禽业此时已成为一项重要的国际贸易产业。第三次大流行起始和传播的具体原因不清楚，可能是由 20 世纪 70 年代中期广泛使用疫苗引起，使用疫苗可以使鸡不发病，但病毒仍可以增殖和传播。第四次大流行起源于 20 世纪 70 年代后期中东地区，鸽子首先被感染，到 1981 年传到欧洲，随后迅速传遍世界各地，很大程度上是因为这类家禽在大部分国家（地区）的数量很大，主要是用来竞赛、观赏和肉用的鸽子，通过国际贸易、竞赛和展览等发生接触传播。

新城疫在全球造成巨大的经济损失，是危害最大的禽类病毒病之一。为控制该病采取的免疫接种等防控措施也会产生持续性的费用。即使是新城疫无疫国家（地区），为了进行国际贸易仍需不断维持无疫病状态，对疫病开展反复监测，维持成本很高。许多发展中国家（地区）新城疫呈地方流行性，成为制约家禽产品贸易发展的一个重要因素。

我国是畜禽养殖大国，新城疫的宿主来源广泛且数量巨大，近几年大型集约化养殖场数量迅速增多，使疫病的传播风险增大，一旦发生大规模新城疫疫情，将严重影响我国畜牧业发展，控制和扑灭疫情需要的人力物力投入非常巨大。在发生新城疫病毒感染后，有些动物不表现出临床症状，只作为新城疫病毒的隐性携带者，这是导致新城疫病毒持续存在与流行的重要因素。所以疫情引发的不良影响是长期且深远的，它制约着我国养禽业的发展及禽产品的出口，也对食品安全及人类健康存在潜在的危害。

十、牛结节性皮肤病

牛结节性皮肤病（Lumpy Skin Disease，LSD）是一种由牛结节性皮肤病病毒引起的急性、亚急性或者隐性传染病，该病毒能感染所有牛，包括奶牛、黄牛、水牛等。该病毒属于痘病毒科、山羊痘病毒属。病毒株不同，其引起的临床症状也不同，但是通常情况下会引起发热、皮肤结痂、黏膜表面的血小板坏死以及周围淋巴小结的肿大。该病于 1929 年在赞比亚首先被发现，之后在非洲、欧洲和亚洲多个国家和地区相继出现。该病发病率可达 2%~45%，病死率一般低于 10%。WOAH 将牛结节性皮肤病列入须通报的动物疫病名录，《中华人民共和国进境动物检疫疫病名录》将其列入一类传染病，农业农村部《一、二、三类动物疫病病种名录》将其作为二类动物疫病管理。

牛结节性皮肤病病毒主要危害各种牛。传播途径包括吸血昆虫叮咬、相互舔舐、摄入污染的饲料和水、污染针头、感染公牛的精液，传染性强，感染率高，但病死率低。该病可导致牛生产性能下降（产奶、产肉、生长），妊娠母牛流产，公牛暂时或永久不育，对养牛业构成巨大的威胁。

牛结节性皮肤病是 WOAH 要求须通报的动物疫病，在我国属于外来疫病。1943 年牛结节性皮肤病传入博茨瓦纳，然后又传入南非，有 800 多万头牛受到侵袭，造成了重大的经济损失。1957 年此病传入肯尼亚，与绵羊痘和山羊痘一并暴发。1970 年向北蔓延至苏丹，1974 年向西蔓延至尼日利亚，到 1977 年，毛里塔尼亚、马里、津巴布韦、索马里和喀麦隆都有该病发生的报道，病死率达 20%。2019 年 8 月，我国首次确认牛结节性皮肤病通过跨境传入新疆伊利。

在干燥环境中，该病毒可存活 1 个月以上，在干燥圈舍内可存活几个月。病毒耐冻融，置于 -20℃ 以下保存，可保持活力达几年之久；在 -80℃ 可保存 10 年。对热敏感，55℃ 加热 2 小时或 65℃ 加热 30 分钟可灭活。对直射阳光、酸、碱和大多数常用消毒药（酒精、升汞、碘酒、来苏尔、福尔马林、石炭酸等）均较敏感，对氯仿和乙醚也敏感。牛是该病病原的自然宿主，无性别、品种差异。通常情况下普通牛比较易感，亚洲水牛、奶牛也易感。但仅有 45%~50% 的感染动物表现出临床症状。同一条件下的牛群，隐性感染与急性死亡的临床表现差异较大，可能与传播媒介的状况有关，此病一旦传入，难以根除。发生疫情的国家和地区的牛及其产品的出口贸易受到限制。

十一、羊痒病

羊痒病（scrapie）是传染性海绵状脑病的一种。该病由朊病毒引起，是侵害绵羊和山羊中枢神经系统的一种潜隐性、退行性疾病，其特征是中枢神经系统出现空泡和海绵状变化，也称作朊病毒病、震颤病、摇摆病。WOAH 将羊痒病列入须通报的动物疫病名录，我国《中华人民共和国进境动物检疫疫病名录》将其列入一类传染病，农业农村部《一、二、三类动物疫病病种名录》将其作为一类动物疫病管理。

根据 WOAH 公布的疫情资料和有关文献，目前全世界已有 30 多个国家（地区）发生过羊痒病，如冰岛、加拿大、美国、挪威、印度、匈牙利、南非、肯尼亚、捷克、斯洛伐克、爱尔兰、黎巴嫩、荷兰、瑞士、阿联酋、加拿大、美国、巴西、埃塞俄比亚、瑞典和日本。1952 年，澳大利亚和新西兰报道该病的发生，我国于 1983 年从进口的羊中发现羊痒病，并迅速进行了扑杀和销毁处理，之后没有发病的报道。以色列于 1993 年出现羊痒病，南非于 1972 年报道发生羊痒病，至今没有类似的报道。瑞典直到2004 年才有该病发生的报道。这些国家（地区）通过采取严格的健康措施，现在已经是无痒病国家（地区）。

研究显示，羊痒病的自然传播方式很复杂。羊痒病可在无关联的绵羊间进行水平传播，还可以通过垂直传播将羊痒病传给其后代。人可以因接触病羊或食用带感染羊痒病因子的肉品而感染此病。目前还没有适用的羊痒病生物制品和其他药物进行治疗和预防。

十二、绵羊痘和山羊痘

绵羊痘和山羊痘是由羊痘病毒属的羊痘病毒引起的一种以全身皮肤、呼吸道、消化道黏膜出现痘疹为特征的高度接触性、发热性传染病。羊痘是所有动物痘病中最为严重的一种，呈地方流行性，不同品种、性别、年龄的羊都易感，羔羊比成年羊更易感，发病率与死亡率相对较高。WOAH将绵羊痘和山羊痘列入须通报的动物疫病名录，我国《中华人民共和国进境动物检疫疫病名录》将其列入一类传染病，农业农村部《一、二、三类动物疫病病种名录》将其作为二类动物疫病管理。

绵羊痘于 1275 年首次在英格兰出现，15、17 世纪相继在法国、意大利和德国出现。1805 年，在欧洲东南部及地中海地区发生较大面积的流行，造成大批羊只死亡；在非洲，该病主要出现在摩洛哥、阿尔及利亚、埃及、苏丹等国；亚洲主要发生于伊朗、伊拉克、印度等国。与我国相邻的蒙古国、哈萨克斯坦、阿塞拜疆以及越南都有不同程度的发生。目前，许多发达国家（地区），如英国、美国、德国、日本、荷兰等，都已消灭绵羊痘，仅欧洲东南部尚有绵羊痘地方性流行，1958 年由 Plowright 等首次从培养细胞中分离出绵羊痘病毒，并确定了其分类地位。

山羊痘最早发现于公元前 200 年，是一种古老的疫病。现主要分布在印度大陆和西南亚、北非和中非地区，在以养羊业作为重要农业经济结构成分的地区尤为严重。印度、伊拉克、伊朗、科威特、黎巴嫩、斯里兰卡、约旦、马来西亚、尼泊尔、阿曼、巴基斯坦、卡塔尔、塔吉克斯坦、土耳其、也门、俄罗斯、蒙古国、阿富汗、巴林、孟加拉国、阿联酋等国均有该病的流行，其中不少国家与我国接壤。近年来羊痘在我国南北地区均有发生，如黑龙江、内蒙古、河北、吉林、甘肃、青海、贵州、浙江、山东、江苏、福建、江西、广西。

此外，该病在公共卫生方面也具有重要意义，中国、印度和斯堪的纳维亚半岛都有人类感染羊痘病毒的报道。

第三章
主要贸易动物产品生物安全风险

CHAPTER 3

第一节
肉类产品贸易的生物安全风险

◇

一、主要生产工艺

我国可以进口的肉类产品，根据动物来源，主要分为猪肉、牛肉、羊肉、禽肉、驴肉、鹿肉和马肉等。根据加工方式，主要可以分为冷鲜肉、冷冻肉、熟制肉、腌制肉、发酵肉等。国际贸易主要进口产品为冷鲜肉、冷冻肉。肉制品（包括含肉类食品）的种类非常多，目前单一的分类方法很难覆盖所有肉制品，即使在单一种类中，不同国家和地区加工工艺和参数也存在较大区别，因此在进口时可能会面临含肉类食品很难归类的问题，需对其加工工艺和参数进行进一步评估。本书参考《肉制品分类》，将肉制品分为9类，即腌腊肉制品、酱卤肉制品、熏烧焙烤肉制品、干肉制品、油炸肉制品、肠类肉制品、火腿肉制品、调制肉制品和其他类肉制品。下面主要对冷鲜肉、冷冻肉、熟肉制品、腌制肉制品、发酵肉制品等结合实际进口贸易和主要加工方式进行介绍。

（一）冷鲜肉、冷冻肉

冷鲜肉，又叫冷却肉、排酸肉、冰鲜肉，准确地说，应该叫"冷却排酸肉"，其加工工艺步骤主要包括屠宰、排酸、剔骨、分割、冷藏或冷冻。

1. 屠宰

按照国家检验检疫制度规范，活动物在静养及禁食禁水后，进行制昏、放血、烫毛、脱皮、剥皮等工艺处理，经宰后检验合格的可进入食用环节。

2. 排酸

将屠宰后的畜胴体迅速进行冷却处理，使胴体温度（以后腿肉中心为测量点）在24小时内降为0℃~4℃。

3. 剔骨、分割

胴体排酸后，在低温下进行剔骨、分割，同时应具备散热和防止积压的措施，避免分割肉变质。

4. 冷藏或冷冻

"冷藏"为新鲜肉类在后续流通和零售过程中始终保持在0℃～4℃或者其他处理方式及适当温度保存下的新鲜肉类；"冷冻"指肉类产品的中心温度始终保持不高于-18℃的状态，优质的冷冻肉在-40℃～-28℃急冻，其肉质、香味与新鲜肉或冷却肉相差不大。

（二）腌腊肉

腌腊肉制品是指以鲜（冻）畜、禽肉或其可食用副产品为原料，添加或不添加辅料，经腌制、烘干（或晒干、风干）等工艺加工而成的非即食肉制品，食用前需加热熟制，其主要加工工艺包括腌制、酱制和烘干。腌制主要是指肉添加食盐、硝酸盐、亚硝酸盐、糖、调味料和香辛料等原辅料；酱制主要是指肉经食盐、酱油或甜酱腌制。烘干主要指肉成型后，再经过晾晒、烘烤、风干或烟熏等工序加工。

（三）熟制肉

根据《食品安全国家标准 熟肉制品》（GB 2726），熟肉制品是指以鲜（冻）畜、禽产品为主要原料，经选料、修整、腌制、调味、成型、熟化和包装等工艺制成的肉类加工食品。根据产品种类的不同，熟化工艺包括烘烤、干燥等。

（四）发酵肉

发酵肉是畜禽肉经过发酵制成的肉制品。发酵是指在自然或人工控制条件下，利用微生物或酶的发酵作用，使原料肉发生一系列生物化学变化及物理变化，形成具有特殊风味、色泽和质地以及较长保存期的肉制品。

广义地说，我国传统的腌腊肉制品，如腊肠、腊肉和火腿，均应划归发酵肉制品。目前，发酵香肠是发酵肉制品中产量最大的一类代表性产品。

二、肉产品加工过程的生物安全风险

（一）低温对生物酶活性和微生物有抑制作用

畜禽被屠宰后，肌肉组织在组织酶和微生物的作用下，发生产酸、僵硬、成熟、自溶、发酵和腐败等变化。常见的变化有：肉的成熟过程，可以提高肉的食用价值、适口性和耐存性；肉在非蛋白分解菌活动过程中产生发蓝、发红和发光现象；肉在腐败微生物作用下产生发霉和腐败现象。

低温对微生物具有抑制作用，微生物和其他生物一样，只能在一定的温度范围内生长、发育、繁殖、分解。温度范围的下限为微生物的零度温度，多数情况生物零度在 0℃ 左右。细菌与霉菌、酵母菌相比，生物零度较高。不少报告指出，霉菌的孢子即使在 -8℃ 也能发芽，酵母菌孢子在 -23℃ 也能发芽，还有的酵母在 -9℃ 也能缓慢发育。耐低温性的细菌在 -10℃ 或 0~5℃ 才达到生物零度温度。一般的腐败菌和病原菌在 10℃ 以下发育被显著抑制，达到 0℃ 附近发育缓慢。温度下降到冻结状态时，细菌的生长缓慢停止。

低温使酶活性显著下降，通常每下降 10℃，其活性要减弱 1/3~1/2。宰后的动物肉所发生的一系列变化，例如死后僵直、成熟、脂肪氧化等过程，都直接取决于酶活性强度。肉类中各种酶活性的最适温度在 37℃~40℃，当温度降到 0℃ 时，酶的活性大部分受到抑制；接近 -20℃ 左右时，酶基本失去活性，这是低温冷冻环境下能长期保藏肉类的重要原因。

肉中心温度降到 -18℃ 以下时，肉类产品中微生物的活力将受到极大的抑制，同时相关酶的活力也被抑制，肉类的保存期限被延长。

采用低温加工、存储的方式可以降低相关产品微生物、寄生虫等方面的风险。冷冻（冻结）可以杀死肉类中的寄生虫，致死所需要的时间与肉块的厚度有关。用冻结的方法可以杀死猪肉的旋毛虫，以及牛肉、猪肉中的有钩绦虫、无钩绦虫和囊尾蚴虫。

（二）热处理可以有效降低肉制品传播动物疫病风险

热处理是灭活动物疫病的主要方式，是降低畜禽肉制品传播疫病风险最有效的措施。熟制肉相对非熟制肉传播疫病的风险大幅降低，但是一些传统肉制品，由于生产工艺中杀菌温度和时间都是固定的，达不到热处理灭活相关动物疫病的要求。对于这类熟制肉，只能通过原料肉的检疫来降低传带疫病的风险，因此该类肉制品，应要求出口国（地区）提供相关检疫证书。

（三）食盐处理肉制品会降低动物传染病传播的风险

肉的腌制是肉品储藏的一种传统手段，也是肉品生产常用的加工方法。腌腊肉制品通过食盐或以食盐为主并添加硝酸钠、蔗糖和香辛料等辅料对原料肉进行浸渍。在腌制肉制品中，无论是咸肉类、腊肉类或腌制肉类，其主要工艺都是一样的，即都需要通过食盐进行腌制，主要区别在于腊肉类和咸肉类没有发酵工艺。对于最重要的热处理工艺，一般只有部分腊肉类需要通过烘烤或熏烤工艺，但处理温度较低，一般控制在 45℃ ~ 55℃，大部分的腌腊肉制品都没有热处理过程，因此腌腊肉制品属于生肉制品。

有研究认为，食盐处理肉制品会降低动物传染病传播的风险。但肉制品的食盐处理不太可能使动物疫病的传播风险降到一个可接受的水平。口蹄疫病毒在 4℃ 条件下用食盐处理 30 天后，仍具有一定的传染性。腌腊肉制品属于生肉制品，虽然有部分经过了热处理，但处理温度较低，并不能起到灭活动物疫病病毒的效果，因此，腌腊肉制品存在携带疫病的风险，在口岸监管时存在检疫风险。

另外，值得注意的是，腌腊肉制品在食用前，消费者一般都要进行热处理，也就是食用前有熟制的过程。按照美国食品法典的要求，猪、牛肉制品烹调温度高于 70℃（中心温度）、禽肉高于 74℃ 即可。一般的烹调过程均会高于这一温度，但热处理只能降低消费者的食用风险，并不会降低口岸外来疫病的传播风险。中式香肠类、发酵香肠类和中式火腿类由于加工中无热处理过程或热处理温度较低，在实际进口时存在一定检疫风险。

（四）发酵工艺不能灭活动物疫病病毒，仍存在携带动物疫病的风险

发酵肉是指利用微生物或酶将肉发酵制成肉制品，从加工工艺来看不能够起到灭活动物疫病病毒的作用，存在携带动物疫病的风险。以常见的进境肉制品发酵香肠为例，发酵香肠按照加工过程中失水的多少，可简单地分为干香肠（失水>30%）、半干香肠（失水<20%）和不干香肠（失水<10%）。这三种发酵香肠都具有相似的加工工艺，特别是发酵前的工艺过

程基本一致。区别在于半干肠在干燥后，有一个加热处理的过程，用于杀死产品中的猪旋毛虫，蒸煮温度一般达到58℃（中心温度）；干香肠和不干香肠一般不进行高温处理，在食用前不干香肠要进行熟制处理，而半干香肠和干香肠则是冷食；不干香肠的加工通常使用生鲜肉，不进行腌制，加调味料充填，发酵即可，类似于生鲜肠的加工。有研究报道，从加工了56天的香肠中检测到口蹄疫病毒。

目前，肉制品的加工工艺包括发酵、烟熏、腌制等，虽然有一定降低疫病病毒活性和数量或灭活动物疫病病毒的作用，但都无法替代热处理的作用。因此对发酵肉携带动物疫病的风险控制，更多需要依赖肉品原料的检疫检验和当地主管部门对本地动物疫病的监测和控制情况，并在入境环节加强相关产品的检验检疫工作。以欧盟为例，2007/272/EC指令明确香肠在欧盟边境检验的动物及产品的清单中，入境时必须进行检疫。

（五）去除、隔离、处置特定风险物质

朊病毒是一类不含核酸而仅由蛋白质构成的特殊的病原体，含有朊病毒的动物组织被称为特定风险物质。根据世界卫生组织《陆生动物卫生法典》规定，来自疯牛病风险可控和疯牛病风险不可忽略国家、地区或生物安全隔离区的任何年龄牛的扁桃体和回肠末端，疯牛病风险可忽略国家、地区或生物安全隔离区且屠宰时年龄超过30月龄的牛的脑、眼、脊髓、头颅、脊柱，疯牛病风险不可忽略国家、地区或生物安全隔离区且屠宰时年龄超过12月龄的牛的脑、眼、脊髓、头颅、脊柱，为疯牛病特定风险物质，在屠宰时予以去除，不得污染肉类产品。来自绵羊和山羊的头颅（包括大脑、神经节和眼睛）、脊柱（包括神经节和脊髓）、扁桃体、胸腺、脾、肠、肾上腺、胰腺、肝为羊痒病特定风险物质。

常规的烹饪方式不能灭活动物组织中的朊病毒蛋白。对于来自存在疯牛病传播风险国家或地区的相关动物产品，应开展风险评估，通过限制屠宰年龄、屠宰方式、严格加工过程等方式，保证在生产过程中以防止污染的方式有效去除特定风险物质，相关特定风险物质被隔离和处置，未进入食物链，影响动物产品安全。

三、肉产品相关动物疫病及贸易风险

（一）非洲猪瘟

家猪感染非洲猪瘟后，临床出现症状之前的 24~48 小时内就向体外排毒。在疫病的急性期，病猪的组织、血液以及所有排泄物和分泌物均含有大量的病毒。虽然幸存猪数月后仍处于感染状态，但排毒时间一般不超过30 天。56℃（70 分钟）或 60℃（20 分钟）可以灭活病毒，使用 8‰的氢氧化钠（30 分钟）、次氯酸盐（2.3% 有效氯，30 分钟）、3‰福尔马林（甲醛水溶液，30 分钟）、3% 苯基苯酚（30 分钟）和碘化合物也能灭活病毒。非洲猪瘟病毒在血液、粪便和组织中能存活很长时间。血清中的非洲猪瘟病毒在室温下能存活 18 个月，在腐败血清中存活 15 周，在骨髓中存活数月。在 37℃血液中存活 1 个月，在冰箱保存的血液中能存活 6 年。病毒在粪便中至少存活 11 天。非洲猪瘟病毒在冷却猪肉中至少存活 15 周，在去骨猪肉中存活 150 天。

非洲猪瘟病毒对灭活有抵抗力，可在被感染猪肉及肉制品中存活较长时间，非洲猪瘟病毒被认为是肉产品贸易中的一个潜在危险。

（二）古典猪瘟

古典猪瘟病猪死亡或持续感染时，全身各组织器官都含有病毒，在病猪出现临床症状前屠宰的猪肉中含有较高滴度的病毒。猪瘟病毒具有较强的稳定性，37℃可以存活 10 天，室温可存活 2~5 个月，冻肉中能存活 6 个月，在 -70℃条件下可以长期保存。病毒在 pH 值 <3.0 时被灭活，肉的成熟过程（肉的 pH 值为 5.6~6.0）不能杀灭病毒。

病毒在盐腌肉或盐渍肉（火腿）中可存活 2~4 个月，在传统方法腌制加工的咸肉品中至少可存活 27 天，在用浓度高达 17.4% 的盐腌制的火腿中能存活 102 天。病毒对热稳定性受介质影响。在细胞培养液中 56℃处理60 分钟，或 60℃处理 10 分钟，便失去感染性，但在脱纤血液中，病毒虽经 64℃处理 60 分钟，或经 68℃处理 30 分钟，仍不灭活。组织中的病毒经80℃ 60 秒的处理仍不灭活。69℃ 30 分钟可灭活肉汤中的病毒。

通过国际或地区间贸易，携带古典猪瘟病毒的肉制品可将古典猪瘟病毒引入无猪瘟的国家和地区，古典猪瘟病毒被认为是肉产品贸易中的一个潜在危险。

（三）口蹄疫

动物感染口蹄疫后，在临床症状出现前，即向外排毒，牛、猪感染后9小时至11天为排毒期。病毒主要通过呼出气体、破裂水疱、唾液、乳汁、精液和粪尿等分泌物和排泄物排放于环境中。肉和动物副产品在一定条件下可能携带病毒。康复的动物和接种疫苗的动物可能成为病毒携带者，尤其是牛。病毒在牛的口咽部可存活30个月。有资料显示，免疫牛试验感染口蹄疫病毒后不表现任何临床症状，也未检测到病毒血症，只在咽部检测到少量病毒。

口蹄疫病毒在pH值<6.0时可被灭活。许多研究牛肉、猪肉中病毒存活情况的试验表明，被感染动物的肌肉组织中的病毒，在尸僵过程中肉的pH值下降到5.5~6.0时，4℃经过48h即可失去活力。但病毒可在血凝块、骨髓、淋巴结和内脏中长期存活，因为这些组织可抵抗尸僵过程中的pH值变化，病毒的活力受到保护。这些组织中的病毒在4℃条件下感染力可保持4个月以上。如果感染动物屠宰后未经过尸僵过程或尸僵不全便冷冻，病毒可在冷冻肉中存活80天以上。

患病动物可通过宰前宰后检疫剔除，但处于潜伏期的动物以及健康的病毒携带者，可能顺利通过宰前宰后检疫。尽管健康的病毒携带者没有发生病毒血症，在肌肉和内脏中未检测到病毒，但由于病牛咽部仍存在病毒，屠宰过程中污染肉类的可能性仍然存在。经过加工处理的肉或肉制品中口蹄疫病毒的滴度可不同程度地降低。有研究者发现，用0.5%的枸橼酸或乳酸洗涤感染口蹄疫病毒的肠衣5分钟可灭活病毒。

由于口蹄疫病毒可存在于被感染动物肉及肉产品中，口蹄疫病毒被认为是肉产品贸易中的一个潜在危险。

（四）尼帕病

尼帕病病毒在体外不稳定，对温度、消毒剂及清洁剂敏感。56℃经30分钟即可被破坏，常用消毒剂和一般清洁剂即可使其灭活，经过消毒处理或有关工艺加工的皮、毛、绒及其制品不存在携带病毒的风险。病毒在适宜环境下存活良好。因此，鲜肉、内脏都可能携带病原。对人的感染方面，病猪是最主要的感染源，病人伤口与猪的分泌液、排泄液以及呼出气体等接触而受感染。

由于尼帕病病毒可存在于肉类产品中，尼帕病病毒被认为是肉产品贸易中的一个潜在风险。

（五）猪水疱病

猪水疱病病毒可以感染各种年龄、品种、性别的猪。病猪、潜伏期的猪和病愈带毒猪是该病的主要传染源。猪水疱病病毒不耐热，60℃ 30分钟和80℃ 1分钟即可被灭活，在低温中可长期保存。病毒可以在猪几乎所有组织内存在，病毒在病猪的肌肉、皮肤、肾脏内-20℃保存11个月，病毒滴度仍未显著下降。病毒能在pH值2.5~12.0范围内存活，并且对许多常用的消毒剂有抵抗力。病毒在冷冻的肌肉中至少能存活11个月，在火腿、腊肠或肠衣的制作过程中病毒的活性不受影响。

由于猪水疱病病毒可存在于被感染动物肉及肉制品中，猪水疱病病毒被认为是肉产品贸易中的一个潜在风险。

（六）蓝舌病

几乎所有的反刍动物都易感蓝舌病，感染后长期携带病毒，病毒主要存在于动物的红细胞内，并能从精液排毒。该病有严格的季节性，主要通过媒介昆虫库蠓叮咬传播。《陆生动物卫生法典》明确安全商品有乳及乳制品、肉及肉制品、兽皮和皮肤、毛和纤维以及按WOAH规定的采集加工储存方法获得的体内胚胎、卵细胞（BTV8除外）。蓝舌病病毒不能通过接触传播，易感动物对口腔途径感染有很强的抵抗力，发病动物的分泌物和排泄物内病毒含量极低，不会引起蓝舌病的传播，其产品如肉、乳、毛等也不会传播蓝舌病病毒。但该病在库蠓活跃地区传播较快并且很难根除，而且发病率和死亡率较高，一旦传入将造成较大的危害。

（七）牛海绵状脑病

牛海绵状脑病的发生与牛的品种、性别等因素无关，病牛及其他感染动物是传染源，平均潜伏期约为5年，发病年龄多为4~6岁，2岁以下和6岁以上牛很少发生。牛的概率寿命为3年，大多数牛于2~3岁即被屠宰食用。乳牛发病率显著高于肉牛，主要通过牛肉、羊肉、骨粉经消化道传染。病原在高压蒸气134℃~138℃经过18分钟处理不能使之完全灭活；37℃条件下20%福尔马林处理18小时不能使之完全灭活；室温下，病原在 10%～12%福尔马林中可存活 28 个月；病原对紫外线、离子辐射、超声波抵抗力均很强；不被多种核酸酶（RNA 酶和 DNA 酶）灭活。世界卫生组织开展的相对危险性研究结果认为，牛海绵状脑病传染性最强的部位是脑、脊髓、脑脊液、眼球，其次是小肠、肺、肝、肾、脾、胎盘、淋巴结，而肌肉、乳汁、血、胰脏、脑腺、心脏、脂肪等部位的传染性较低或基本上无传染性。

由于牛海绵状脑病可通过被感染动物肉产品经消化道传播，被认为是肉产品贸易中的一个潜在风险。

（八）牛传染性胸膜肺炎

传染源为病牛、康复牛及隐性带菌者，隐性带菌者是主要传染源。易感动物主要是牦牛、奶牛、黄牛、水牛、犏牛、驯鹿及羚羊。该病主要由于健康牛与病牛直接接触传染，病菌经咳嗽、唾液、尿液排出（飞沫），通过空气经呼吸道传播，病原体对外界环境（如日光照射、干燥等）和化学消毒药的抵抗力不强，阳光直射几小时即失去毒力，在盐溶液中 45℃ 120 分钟灭活，在水中 60℃ 30 分钟灭活。病原体在冷冻组织中存活良好，在冻结的病肺组织和淋巴结中可存活一年以上；真空冻干后，在冰箱中可存活 3～12 年。对消毒剂敏感，0.1%升汞、1%～2%克疗林、2%石炭酸、0.25%来苏尔、10%生石灰、5%漂白粉均能在几分钟内杀灭病原体。《陆生动物卫生法典》中规定除肺以外的肉和肉制品是安全商品。

（九）牛结节性皮肤病

牛是该病病原的自然宿主，无性别、品种差异。通常情况下普通牛比较易感，亚洲水牛、奶牛也易感。病毒存在于病牛的皮肤结节、肌肉、血液、内脏、唾液、鼻腔分泌物及精液中，主要通过节肢动物进行传播，也能通过饮水、饲料和直接接触传播。干燥病变组织中的病毒存活 1 个月以上。病毒耐冻融，−20℃ 以下可保持活力达几年之久；在−80℃ 可保存 10 年。对热敏感，55℃ 加热 2 小时或 65℃ 加热 30 分钟可灭活。对直射阳光、酸、碱和大多数常用消毒药（酒精、升汞、碘酒、来苏尔、福尔马林、石炭酸等）均较敏感，对氯仿和乙醚也敏感。

由于牛结节性皮肤病病毒存在于病牛的皮肤结节、肌肉、血液、内脏中，牛结节性皮肤病病毒被认为是肉产品贸易中的一个潜在风险。

（十）小反刍兽疫

小反刍兽疫可感染绵羊、山羊、野生偶蹄类、牛和猪等多种动物，可直接接触传染，也可间接或以其他方式传播。病畜的眼、鼻和口腔分泌物以及粪便都是病毒来源，还可通过气溶胶传播。该病潜伏期一般为 4 ~ 6 天，《陆生动物卫生法典》规定潜伏期为 21 天。在易感动物群中，该病的发病率可达 100%，严重暴发时致死率为 100%。我国存在大量的易感动物，也有该病暴发的报道。小反刍兽疫病毒是有囊膜的病毒，自然环境下抵抗力较低，50℃经 60 分钟可灭活，在 pH 值<4.0 或 pH 值>11.0 条件下失活，但在冷藏和冷冻组织中能存活较长时间。醇、醚和普通清洁剂可以杀灭病毒，苯酚和 2% 的氢氧化钠都是有效的消毒剂。

由于小反刍兽疫病毒可在被感染动物肉中存活，小反刍兽疫病毒被认为是肉产品贸易中的一个潜在风险。

（十一）羊痒病

羊痒病是传染性海绵状脑病的一种，多发生于绵羊和山羊。不同品种和品系、性别的绵羊和山羊均可发生羊痒病。该病的传染源主要为患病动物和隐性感染者，处于亚临床状态的羊尤为危险，通过其分泌物和排泄物可经直接接触或呼吸道飞沫传播，人类会因为接触病羊或食用带感染羊痒病因子的肉类而感染该病。

羊痒病病原是一种具有感染性的弱抗原物质，不能引起免疫应答，无诱生干扰素的性能，也不受干扰素的影响，可以抵抗核酸灭活剂的破坏和紫外线的照射。羊痒病病原对福尔马林和高热有耐受性。在室温放置 18 小时，或加入 10% 福尔马林，在室温放置 6~28 个月，仍保持活性。

由于羊痒病病原可存在于被感染羊的脑、脊髓、脾脏、淋巴结和胎盘中，羊痒病病原被认为是肉类商品贸易过程中的潜在威胁。

（十二）绵羊痘和山羊痘

绵羊痘和山羊痘是由羊痘病毒引起的一种以全身皮肤、呼吸道、消化道黏膜出现痘疹为特征的高度接触性、发热性传染病。羊痘是所有动物痘病中最为严重的一种，呈地方流行性，不同品种、性别、年龄的羊都有易感性，羔羊比成年羊易感，发病率与死亡率相对较高。该病主要通过脱落的痂皮、水疱液及分泌物向外排毒。在自然情况下，羊痘是通过直接接触或由空气吸入而传播的，皮肤和黏膜的损伤也易于感染发病。感染绵羊痘和山羊痘的动物身体各组织器官均可能含有病原体，可大量存在于病羊的皮肤、黏膜的脓疱及痂皮内、鼻黏膜分泌物和唾液中，病毒在毛中可保持活力达 3 个月，条件适宜时达 6 个月。该病毒对热的抵抗力不强，55℃经2 小时或 37℃经 24 小时，均可被灭活。羊痘病毒对直射阳光和大多数常用消毒药敏感。病毒对强酸、强碱敏感。

由于羊痘病毒可存在于被感染羊的各组织器官，羊痘病毒被认为是肉类商品贸易过程中的潜在危险。

（十三）高致病性禽流感

高致病性禽流感病毒在呼吸道、肠道、肾脏和生殖器官中复制，因而它可以从感染禽的鼻腔、口腔、结膜和泄殖腔排放到环境中。病毒可以通过感染禽与易感禽之间的直接接触传播，或通过气溶胶以及与带有病毒的污染物接触而间接传播。病毒存在于病禽的所有组织器官、体液分泌物和排泄物中，肉中的病毒在冷藏条件下可存活 23 天；病禽所产蛋的蛋黄、蛋清和蛋壳上均可分离出禽流感病毒。禽肉类产品如冻肉、鲜肉、内脏、蛋制品等携带高致病性禽流感病毒的风险大。

由于高致病性禽流感病毒可存在于被感染禽的肉中，高致病性禽流感病毒被认为是肉类贸易过程中的潜在危险。

（十四）新城疫

新城疫病毒可感染鸡、火鸡、珍珠鸡、鹌鹑及野鸡，其中鸡的易感性最高，野鸡次之。新城疫病毒强毒株在自然界与禽群中长期存在，在生态系统中稳定循环，构成了对家禽持久、潜在的威胁，也是新城疫在免疫禽群中不时发生流行的一个重要原因。新城疫可通过禽肉进行扩散和传播。病毒在低温条件下抵抗力强，在 4℃可存活 1～2 年，-20℃时能存活 10 年以上；真空冻干病毒在 30℃可保存 30 天，15℃可保存 230 天。热、辐射（包括光和紫外线）、氧化作用、酸碱性和多种化合物等物理和化学因素可以破坏新城疫病毒的感染性。

由于新城疫病毒可存在于被感染禽类的肉中，新城疫病毒被认为是肉类贸易过程中的潜在危险。

（十五）其他人畜共患病

目前已知的人畜共患病有 200 多种，分布于世界各地。随着新病原的不断出现和现代医学的发展，新的疫病不断被发现。人畜共患病危害巨大，除对国内畜牧业可能造成巨大危害之外，还可能对我国人民健康造成巨大威胁。除上述 14 种人畜共患病外，还包括《中华人民共和国传染病防治法》《中华人民共和国进出境动植物检疫法》《中华人民共和国食品卫生法》《中华人民共和国动物防疫法》及其他相关法律法规中规定的其他多种人畜共患病，其中比较重要的有鼠疫、霍乱、艾滋病、流行性出血热、狂犬病、流行性乙型脑炎、马传染性贫血、流行性感冒、登革热、布鲁氏菌病、炭疽、肺结核、衣原体病等。

四、肉类产品的动物检疫风险

（一）进口猪肉产品的生物安全风险

根据 WOAH 须通报的动物疫病名录、《中华人民共和国进境动物检疫疫病名录》和国际上新发生的影响较大的动物传染性疫病，共确定了口蹄疫、猪瘟、非洲猪瘟、猪水疱病、尼帕病毒性脑炎、水疱性口炎、猪传染性胃肠炎、猪繁殖与呼吸道综合征、猪囊尾蚴病、旋毛虫病、猪传染性胸膜肺炎、猪流行性感冒、伪狂犬病、流行性乙型脑炎 14 种与猪及其产品相关，进口应关注的疫病名录。

通过对病原体是否在中国分布、官方是否有控制措施、病原体随进口猪肉及猪肉制品释放传入的可能性以及病原体在环境中暴露扩散的可能性进行定性风险分析（见表 3-1）。进行风险识别的 14 种与猪相关的动物疫病中，口蹄疫、猪瘟、非洲猪瘟、猪水疱病、流行性乙型脑炎共 5 种疫病风险为高风险，其随进口猪肉产品传入将会对中国社会和经济影响巨大；尼帕病毒性脑炎、水疱性口炎、猪传染性胃肠炎、猪繁殖与呼吸道综合征、猪囊尾蚴病、旋毛虫病、猪传染性胸膜肺炎、猪流行性感冒、伪狂犬病共 9 种疫病随进口肉类传入的风险为中风险。为防止疫病随进境猪肉及其产品传入，应对相关出口国家（地区）、企业及产品采取风险管控措施，以降低疫情疫病传入我国的风险。

表 3-1 进口猪肉产品中潜在危害风险评估等级

疫病名称	传入释放风险	暴露扩散风险	后果评估	风险等级
口蹄疫	高	高	高	高
猪瘟	高	高	高	高
非洲猪瘟	高	高	高	高
猪水疱病	高	高	高	高
尼帕病毒性脑炎	中	高	高	中
水疱性口炎	中	中	中	中
猪传染性胃肠炎	中	中	中	中
猪繁殖与呼吸道综合征	中	中	中	中
猪囊尾蚴病	中	中	中	中
旋毛虫病	中	中	中	中
猪传染性胸膜肺炎	低	中	中	中
猪流行性感冒	低	中	中	中
伪狂犬病	低	中	高	中
流行性乙型脑炎	高	中	高	高

（二）进口牛肉产品的生物安全风险

根据 WOAH 须通报的动物疫病名录、《中华人民共和国进境动物检疫疫病名录》和国际上新发生的影响较大的动物传染性疫病，共确定了口蹄疫、牛传染性胸膜肺炎、牛海绵状脑病、牛结节性皮肤病、蓝舌病、布鲁氏菌病、炭疽、赤羽病、地方流行性牛白血病、牛病毒性腹泻、结核病、副结核病、伪狂犬病、流行性乙型脑炎共 14 种与牛及其产品相关，进口应关注的疫病名录（见表 3-2）。

表 3-2　进口牛肉产品中潜在危害风险评估等级

疫病名称	传入释放风险	暴露扩散风险	后果评估
口蹄疫	高	高	高
牛传染性胸膜肺炎	中	低	高
牛海绵状脑病	高	高	高
牛结节性皮肤病	高	高	高
蓝舌病	低	低	高
布鲁氏菌病	中	低	低
炭疽	中	中	中
赤羽病	低	低	中
地方流行性牛白血病	低	低	中
牛病毒性腹泻	低	低	中
结核病	低	中	中
副结核病	低	低	中
伪狂犬病	低	中	高
流行性乙型脑炎	高	中	高

　　通过对病原体是否在中国分布、官方是否有控制措施、病原体随进口牛肉及牛肉制品释放传入的可能性以及病原体在环境中暴露扩散的可能性进行定性风险分析。为防止疫病随进境牛肉及其产品传入，应对相关出口国家（地区）、企业及产品采取风险管控措施，以降低疫情疫病传入我国的风险。主要疫病对肉类商品的影响详见表 3-3。

表 3-3　主要动物疫病对牛肉产品的影响

疫病	受影响产品	影响强度
口蹄疫	鲜肉、冻肉	病兽的肉需要加热超过 100℃ 才可杀死全部病毒
牛传染性胸膜肺炎	肺	WOAH《陆生动物卫生法典》中注明除肺以外的肉和肉制品是安全的

表3-3　续

疫病	受影响产品	影响强度
疯牛病	脑、脊髓、脑脊液、肠、肌肉、心等	2岁以下和6岁以上的牛很少发生，目前不能直接从牛肉及其相关产品中发现特异性感染物质
牛结节性皮肤病	肌肉、内脏等	一旦传入，难以根除。发生疫情的国家和地区的牛及其产品的出口贸易受到限制
蓝舌病	遗传物质	WOAH《陆生动物卫生法典》中明确规定肉及肉制品是安全的
布鲁氏菌病	肉、内脏	食品中可存活约2个月，人类一般在皮肤有伤口的情况下易被感染，但目前在国际贸易中一般不要求进行检测
炭疽	肉	一旦发生，病原可长时间存在，病程较短，屠宰的牛如经过宰前检疫，肉类受污染的可能性较小，但不排除受到环境中病原的污染
地方流行性牛白血病	血液	主要感染3岁以上的牛，在感染牛的组织中很少或没有细胞外病毒，引起出血的炎症或组织损伤灶因含有大量的血液细胞成分，而有很高的感染力
结核病	肉、肺、淋巴	世界性范围流行，对肉类贸易影响不大

（三）进口禽肉产品的生物安全风险

根据 WOAH 须通报的动物疫病名录、《中华人民共和国进境动物检疫疫病名录》和国际上新发生的影响较大的动物传染性疫病，共确定了禽衣原体、禽传染性支气管炎、鸡传染性喉气管炎、高致病性禽流感、低致病性禽流感、鸡败血支原体、禽结核病、鸭病毒性肠炎、鸭病毒性肝炎、禽霍乱、禽痘、鸡白痢和禽伤寒、传染性法氏囊病、马立克氏病、新城疫、火鸡鼻气管炎16种与禽及其产品相关，进口应关注的疫病名录（见表3-4）。

表 3-4　进口禽肉产品中潜在危害风险评估

疫病名称	传入释放风险	暴露扩散风险	后果评估	风险等级
禽衣原体	高	高	高	高
禽传染性支气管炎	高	高	高	高
鸡传染性喉气管炎	高	高	高	高
高致病性禽流感	高	高	高	高
低致病性禽流感	高	高	高	高
鸡败血支原体	高	高	高	高
禽结核病	高	高	高	高
鸭病毒性肠炎	高	高	高	高
鸭病毒性肝炎	高	高	高	高
禽霍乱	高	高	高	高
禽痘	高	高	高	高
鸡白痢和禽伤寒	高	高	高	高
传染性法氏囊病	高	高	高	高
马立克氏病	高	高	高	高
新城疫	高	高	高	高
火鸡鼻气管炎	高	高	高	高

通过对病原体是否在中国分布、官方是否有控制措施、病原体随进口禽肉及禽肉制品释放传入的可能性以及病原体在环境中暴露扩散的可能性进行定性风险分析。风险识别的 16 种与禽相关的动物疫病均为高风险，为防止疫病随进境禽肉及禽产品传入，应对相关出口国家（地区）、企业及产品采取风险管控措施，以降低疫情疫病传入我国的风险。

（四）进口肉产品风险管控措施

1. 对产品生产加工的要求

进口肉类产品应当符合中国法律、行政法规规定和食品安全国家标准的要求，以及中国与输出国家或者地区签订的相关协议、议定书、备忘录等规定的检验检疫要求以及贸易合同注明的检疫要求。境外生产加工企业在生产过程中应严格实施危害分析及关键控制点体系管理，生产工艺及卫生条件应符合我国的有关规定。

2. 对境外官方监管的要求

境外的检验检疫部门应严格监督生产企业注册条件的符合性，及时向中方通报企业不合格情况，对企业的违规行为及产品的不合格原因认真进行调查分析，并通报中方，积极配合中方注册企业的考察评估，对出口产品应严格检验检疫，按照双方议定书要求出具卫生证书，对于卫生证书中的评语，应有检测报告等材料予以证明。

3. 进口后的检验检疫监管措施

肉类产品进口前或者进口时，收货人或者其代理人应当持进口动植物检疫许可证、输出国家或者地区官方出具的相关证书正本原件、贸易合同、提单、装箱单、发票等单证进行申报。进口肉类产品随附的输出国家或者地区官方检验检疫证书，应当符合海关对该证书的要求。装运进口肉类产品的运输工具和集装箱，应当在进口口岸海关的监督下实施防疫消毒处理。未经海关许可，进口肉类产品不得卸离运输工具和集装箱。

第二节
皮张类产品的生物安全风险

◇

一、皮张类产品国际贸易主要加工方式

我国可以进口的动物皮张种类，根据动物来源，主要分为牛皮、绵羊皮和山羊皮、马皮、驴皮、猪皮等大中型动物皮张，以及狐狸皮、水貂皮和兔皮等细杂皮。根据加工方式，主要分为未经处理的鲜皮、风干皮、盐湿皮、盐渍皮、盐干皮、灰皮、浸酸皮和经鞣制的蓝湿皮或白湿皮等。

动物皮张鞣制的加工步骤主要包括剥皮、削肉、腌制、浸水、脱毛、去肉、浸灰、片皮、脱灰、软化、浸酸、脱脂和鞣制等。

（一）剥皮

剥皮是指从动物身上剥离皮和毛皮。屠宰后，将皮从动物胴体上进行切割和牵引，以达到分离的目的。也可以从出于自然原因而死亡的动物身上剥离。

（二）削肉

削肉是指去除皮上残留的肉和脂肪组织。通常在浸灰去毛之前，在盐渍或腌制过程中进行。

（三）腌制

腌制是指生皮从动物躯体剥离后，为保护不能立即加工成皮革的生皮不腐烂而采取的处理方式。目前主要采取以下几种方式。

1. 冷冻和冷冻干燥。将皮张快速冷冻到2℃~3℃并在1℃下用空气吹一夜，可使皮张在冷库里存储两周。该技术成本较高，目前应用较少。

2. 使用各种杀菌剂以抑制不同时期的细菌生长。

（1）用10%双胍盐酸盐溶液喷洒在生皮表面，生皮可贮存4~5天；

（2）用0.08%二甲基二硫代氨基甲酸钠溶液浸泡或喷涂，可保存数天；

（3）用0.2%福尔马林溶液浸泡，可保存数月。

3. 风干。风干是防止腐败的有效手段，尤其是在气候炎热干燥的国家（地区），如印度、澳大利亚等。为了防止虫害侵袭，可以用萘、氟硅酸钠或其他杀虫剂对皮进行喷雾、浸渍或喷粉。

4. 干腌。干腌是指将生皮先腌制，然后挂起来晾干。

5. 湿腌。湿腌是指腌制时通过盐的含量抑制生皮细菌的生长。可将硼酸和双氯酚或萘类添加到盐里，抑制耐盐细菌产生。萘也能防止虫害。腌制是为了减少和抑制细菌损伤皮面从而引起腐败变质，而不是为了消除病原体。固化好的生皮应该包含小于50%的水分，水分中应至少有85%的饱和盐。该状态下生皮可以抵抗腐败，可以杀灭部分细菌，但部分变得不活跃或处于休眠状态的细菌，浸水后会再次活跃起来。

（四）浸水（盐湿原材料）或浸泡（干皮原料）

浸水或浸泡主要是为了恢复皮张水分弹性。鞣制前须将固化的生皮和毛皮恢复到自然的原始状态，必须在水里浸泡。浸泡就是将皮装在一个封闭的容器里，在室温状态的水中浸泡 16 小时以上，水里通常会添加清洁剂和杀菌剂。通常会添加少量的碱（常用碳酸钠），帮助生皮复水以及在准备脱毛浸灰时提高 pH 值。用水量通常是生皮重量的 1~2 倍，pH 值通常在9~10。

浸水过程中，绝大多数的盐以及血液和污垢会被洗掉，生皮和皮毛会变得干净、柔软。

（五）脱毛和浸灰

脱毛是指去除皮张上的毛发。浸灰是指松动羊毛、脂肪、肉等，去除纤维组织和使皮革膨胀以准备鞣制。脱毛和浸灰的目的是剔除毛或羊毛，恢复表皮，并在一定程度上恢复内部纤维蛋白。

脱毛一般在一个大型的旋转滚筒或倾斜的处理器中进行，需要 2~5 小时。毛发可以完全化成浆液，随废水一起排放，也可以在"毛发储存"系统中分离，并以"湿固"的形式从废水中筛选出来。浸灰系统一般使用硫化钠形成强碱性的还原环境。脱毛的最低 pH 值为 12.5，传统的方法是使用饱和石灰。为提高脱毛速度，通常会通过使用强还原剂，如 2% 左右的硫酸钠，使 pH 值达到 13 以上，可以在25℃~27℃保持 16 小时左右。

（六）脱灰

脱灰是指中和浸灰时的碱。浸灰后，必须去除或中和掉毛皮上自身或者结合的碱性物质。可使用一系列酸性物质（如硫酸或盐酸等强酸，因很难控制其潜在破坏性，通常不使用，更倾向于使用硼酸或氨基盐等弱酸）进行化学脱灰；也可使用灌注二氧化碳的方式进行脱灰，可以使 pH 值下降到 8 左右，不产生氨气。化学脱灰平均需要 90 分钟，而比较重的公牛皮则需要 2.5 小时。

（七）软化

软化是指让皮张柔软和清洁。脱灰后，使用蛋白水解酶作为"柔皮剂"，添加到液体中深度清洗皮革，去除内部纤维蛋白，形成更柔软、更有弹性的皮革。软化过程中，pH 值通常是 8~9，溶液维持在 32℃~35℃，使蛋白水解酶达到最大活性。在该阶段通常添加过氧化物（氧化剂），以去除皮革基质残余的硫化物，从而在浸酸环节不会产生硫化氢。

(八) 浸酸

浸酸是指用正确的酸度对皮进行鞣制和运输，是准备鞣制前的加工过程，以满足皮张出口所需的中期保存。毛皮浸酸后可保存 12 个月。浸酸处理时酸液的 pH 值为 0.9~1，保持约 16 小时。如果浸酸后立刻进行鞣制，对于新西兰的毛皮，酸液 pH 值需在 2.5~3。

浸酸后，羔羊毛皮在鞣制前必须脱脂，即从绵羊皮和腌制的毛皮中去除天然油脂。在滚筒中加入石油溶剂或者煤油，以增加毛皮对通过微鞣或前鞣来去除脂肪时产生的高温的承受能力。

(九) 鞣制

鞣制的目的是使生皮或毛皮的蛋白质转变成一种稳定的材料，能够强化胶原纤维之间的连接，不会腐烂。鞣制可以选择不同的制革材料（矿物、植物、醛或合成树脂），不同的选择取决于成品革所需的性能。

目前最常见的鞣制方法是铬鞣，即使用三价铬盐进行鞣制，形成"蓝湿皮"。全球约 90% 的皮革使用铬鞣方法进行鞣制。铬鞣过程中，首先在低 pH 值条件下作用数小时，使三氧化二铬（铬）渗透到生皮或毛皮中，然后提高 pH 值进行修复。整个过程需要 8~10 小时，最终的 pH 值为 3.5~4。

为了减少含铬废料的产生并提供一种代替铬鞣革的方法，目前非铬盐鞣制技术也在不断用于皮革生产。可采用无机物如铝、钛、锆盐，或有机物如醛、丙烯酸树脂和植物鞣剂等进行鞣制，形成"白湿皮"。

二、皮张加工过程中的生物安全风险

动物皮张因富含蛋白质、脂肪和水分，可携带来自产地的各种病原微生物，如病毒、细菌和寄生虫等。一旦具有潜在危害的动物疫病随动物皮张传入我国，将会造成严重的生物安全风险，对我国的经济、生态和国民健康造成重大损失。

使皮张可能携带的病原体灭活的关键步骤，是在强碱条件下（pH 值>12.5）浸灰 6~16 小时，或者在强酸条件下（pH 值<3）浸酸 16 小时，或者进行鞣制。腌制过程不能确保灭活所有的病原体。盐渍不能破坏病毒或细菌芽孢，仅是限制腐败细菌的生长。浸水、脱毛和去肉的加工工

艺对病原体影响不大，还可能会产生被病原体污染的固体废弃物。浸灰工艺前产生的固体废弃物或废水包括含有盐和血液的浸泡水，以及去肉时产生的固体废弃物，都具有携带病原体的潜在风险。浸酸和鞣制的加工过程能够灭活生皮和毛皮上的病原体。经浸酸和鞣制加工过的皮革在世界范围内的交易是不受限制的。

海关总署 2020 年发布的《进境非食用动物产品风险级别及检验检疫监管措施清单》，针对不同加工方式的动物皮张确定了不同的风险级别，采取不同的检验检疫监管措施。具体见表 3-5。

表 3-5　进境皮张类产品风险级别及检验检疫监管措施清单

类别	产品	风险级别	检验检疫监管措施
皮张	原皮（鲜、干、盐湿、盐渍、盐干皮张，不含两栖类、爬行类动物）	I 级	输出国家或地区监管体系评估，境外生产加工存放企业注册登记；进境前须办理《进境动植物检疫许可证》；进境时查验检疫证书并实施检验检疫；进境后在指定企业存放、加工并接受检验检疫监督
	两栖类和爬行类动物原皮，灰皮（pH 值不低于 14 的环境中处理至少 2 小时）、浸酸皮（pH 值不高于 2 的环境中处理至少 1 小时）和其他等效方法加工处理的未经鞣制的动物皮张	II 级	输出国家或地区监管体系评估，境外生产加工存放企业注册登记；进境前须办理《进境动植物检疫许可证》；进境时查验检疫证书并实施检验检疫
	已鞣制动物皮毛	IV 级	进境时实施检验检疫

三、皮张类产品贸易相关的主要动物疫病

(一) 口蹄疫

口蹄疫病毒对外界环境的抵抗力很强，耐干燥。在自然条件下，含毒组织及污染的饲料、饮水、饲草、皮毛及土壤等所含病毒在数日乃至数周

内仍具有感染性。病毒低温下十分稳定，在 -70℃ ~ -50℃ 可保存数年之久。毛、皮张可用环氧乙烷或甲醛气体消毒；肉品以 2% 的乳酸或自然熟化产酸处理。食盐对病毒无杀灭作用，有机溶剂及一些去污剂对病毒作用不大。

口蹄疫是传染性最强的动物疫病之一。消化道和呼吸道传播是该病最常见的传播方式，可导致身体多组织病毒血症，并在其中进一步增殖，特别是在皮肤上，引起口蹄疫的病变特征。许多没有病变的组织也可能有高滴度的病毒。在发病动物全身皮肤的各个部位均可检测到口蹄疫病毒。在病毒血症停止后 5 天，阉牛的皮肤中口蹄疫病毒高达 $10^{3.6}$ PFU/g。普通干燥和盐渍不能有效地破坏口蹄疫病毒。

口蹄疫病毒可存在于感染动物的皮肤中，可在高盐（不添加碳酸钠）和干燥环境中生存，被认为是国际皮张类商品贸易中的潜在危害。

（二）猪水疱病

猪水疱病潜伏期为 2~7 天。临床症状发生前，排泄物、分泌物和许多组织和器官中含有大量的病毒。病毒存在于有临床症状动物的分泌物、排泄物和病灶中。蹄部和口部的病灶是病毒的主要来源。大多数病毒产生在感染的第 1 周，少部分产生于第 2 周。病毒可以在粪便中存活 20 天以上。

感染通常发生在皮肤擦伤处。当猪暴露于少量的病毒，例如未经加工的泔水，猪可能通过受损皮肤感染。当猪暴露于大量的病毒，例如同群动物接触感染，猪可能有许多被感染的途径。

猪水疱病病毒对环境因素和消毒剂有很强的抵抗力，能够在 pH 值较大的环境中生存，可以在土壤中存活数月，在植物性物质中存活多达 15 天。因其高度耐受环境条件，也没有猪水疱病病毒在干皮和盐渍皮存活情况的特定信息，所以必须假定它可以生存。猪水疱病病毒被认为是国际皮张类商品贸易中的潜在危害。

（三）牛结节性皮肤病

牛结节性皮肤病病毒（LSDV）不具有明显的接触传染性，通过直接接触传染性较低。吸血昆虫（蚊、蝇、蠓、虻、蜱）叮咬是该病传播的主要途径。牛可通过相互舔舐传播，摄入被污染的饲料和饮水，共用污染的针头也会导致群内传播。研究表明，已感染动物在很短的病毒血症期会表现出传染性，病毒血症期常常出现在皮肤损害出现之前的 2~3 天或者病害发生之后。目前研究表明，该病毒在皮肤病灶处可存活长达 5 周，在风干了 18 天的干皮病变部位上，仍然可以检测到 LSDV。

由于病毒可存在于感染动物的生皮和皮毛上，牛结节性皮肤病病毒被认为是国际皮张类商品贸易中的潜在危害。

（四）绵羊痘和山羊痘

痘病毒主要存在于上皮细胞中，引起的症状主要见于皮肤和肺。感染动物的排泄物和分泌物中含有大量病毒。该病毒常常通过吸入被污染的水滴、灰尘、皮屑，或者通过接触皮肤上的伤口或者脓疱进行传播，也可以通过吸血厩蝇进行机械传播，该病毒在厩蝇中可存活 4 天。

在疫情暴发期间，该病会通过空气传播。该病常年发病，但是在冬天或者寒冷潮湿的季节，在被寄生虫或者其他昆虫感染的体弱多病的动物中可形成暴发之势。感染 3 天之后会引起病毒血症，并且持续 10~12 天。感染 7~14 天后，在感染了的皮肤病灶中病毒滴度达到峰值，之后随着血清中抗体的产生，病毒滴度下降。病灶结痂常常需要数周，但是会形成永久的疤痕。常常在空腔中形成溃疡，成为一个重要的感染源。

该病引起的皮肤损伤要 5~6 周才会痊愈。在病变部位，病毒滴度非常高。阳光暴晒可以破坏病毒的传染性，但是在暗处，尤其是在感染部位的结痂脱落物中会长期存活。康复动物的毛发也可能具有传染性。通常认为皮肤的结痂是病毒的主要传染源，而且痂里面病毒的传染性长达 3 个月。在已经死亡的羊的皮肤中，病毒可以存活 18 天。

由于痘病毒可存在于感染动物的皮肤中，绵羊痘病毒和山羊痘病毒被认为是国际皮张类商品贸易中的潜在危害。

（五）非洲猪瘟

在非洲，非洲猪瘟病毒通过与野猪生活在同一洞穴的软蜱（*Ornithidoros* spp.）传播。一旦病毒在家养猪群中定殖，则不需要传播媒介，可以通过其他途径在家养猪之间传播。家猪可以通过直接接触和间接接触等多种方式传播病毒。在急性感染的非洲隔离群中，临床发热前的 24~48 小时，非洲猪瘟病毒已经通过鼻咽途径分泌。病毒存在于所有分泌物和排泄物中，包括鼻、口腔、咽、结膜、生殖器、尿和粪便。非洲猪瘟病毒对外界环境抵抗力强，在血清中室温条件下可存活 18 个月，在血液中放置于冰箱可至少存活 6 年，在 37℃ 中长达一个月，在 55℃ 中存活 30 分钟。室温条件下非洲猪瘟病毒在粪便里可存活 11 天。非洲猪瘟病毒在环境中比较稳定，能够在污染的环境中保持感染性超过 3 天，在猪的粪便中感染能力可持续数周；在死亡野猪尸体中可以存活 1 年；病毒在猪肉制品中比较稳定，在冰冻肉中可存活数年，在半熟肉以及泔水中可长时间存活，在腌制火腿中可存活数月，在未经烧煮或高温烟熏的火腿和香肠中能存活 3~6 个月，可在 4℃ 保存的带骨肉中至少存活 5 个月。

非洲猪瘟病毒可存在于所有受感染动物的分泌物和排泄物中，在污染的皮毛中也会存在。该病毒对环境条件有较高抵抗力，因此在国际皮张类商品贸易中被认为是一个潜在危害。

（六）古典猪瘟

古典猪瘟病毒为单一血清型，病毒有毒力强、中、低、无毒株以及持续感染之分。古典猪瘟病毒表现出相当大的毒株变异，可导致高度可变的临床症状。猪感染强毒株，可导致在其血液和其他组织中存在高浓度的病毒。感染猪散布大量病毒，尤其在唾液中。古典猪瘟病毒的传播主要是通过口鼻途径的直接接触。病毒将持续分泌直到死亡，或者猪感染病毒又得以幸存，会产生高浓度的抗体。温和型或低毒型毒株可能会诱发慢性感染，病毒会终生连续或间歇散播。因此被感染的活动物是最主要的传播方式。

病毒对环境的抵抗力不强，存活的时间取决于含毒的介质。含毒的猪肉和猪肉制品数月后仍有传染性。在猪粪便中 20℃ 可存活 2 周，4℃ 可存活 6 周以上。猪肉及其制品也是病毒传播的重要工具。病毒能在脂肪组织中生存几个月。被感染的猪制品的移动是无疫病国家（地区）古典猪瘟暴发的原因。在猪的高密度养殖区域内，由农场主、阉割员、输精员、兽医携带的受感染的器械引起的医源性传播是疫病蔓延期间一个重要的传播途径。

古典猪瘟病毒可存在于被感染猪唾液污染的猪皮上，也可在肌肉/脂肪组织中长时间保持活性，因此有可能出现在生皮和皮毛中，被认为是国际皮张类商品贸易中的潜在危害。

（七）炭疽

炭疽病畜可通过粪、尿、唾液及天然孔出血等方式排菌。炭疽如形成芽孢，则可能成为长久疫源地。该病主要通过采食污染的饲料、饲草和饮水经消化道感染，也可经皮肤黏膜通过伤口直接接触病菌而致病。该病常呈地方性流行，干旱或多雨、洪水涝积、吸血昆虫都是促进炭疽暴发的因素。此外，从疫区输入病畜产品，如骨粉、皮革、羊毛等，也常引起该病暴发。

炭疽芽孢杆菌对环境具有高度耐受性。在炭疽的繁殖体暴露在空气中时形成芽孢，主要分布在被感染动物身体窍孔的血液和分泌物中，或在发病死亡动物尸体中。在25℃~30℃或更高温度下，炭疽芽孢杆菌在完整的动物尸体的组织中存活不超过3天，可被腐败的有机体杀死。在5℃~10℃环境下，尸体的腐败率降低，炭疽芽孢杆菌在4周后仍然具有活性。环境温度对芽孢的形成具有重要的影响，温度低于20℃时芽孢形成缓慢。在气候寒冷的国家（地区），不利于芽孢的形成。在气候温暖的国家（地区），炭疽芽孢杆菌易于在一个开放性尸体环境中的体液和血液或血清里形成芽孢。

芽孢的生存取决于许多因素，如最初的芽孢数量、气候、地形、土壤腐生物的存在，以及某些化学物质、植物材料和炭疽菌噬菌体的存在。在含有多样性微生物的高生物活性的土壤中，芽孢的生存期可达3~4年。然而，如果在干燥的，或者在对其他微生物的生物活性具有不利影响的，或者pH值非常低或高的土壤条件下，炭疽芽孢杆菌在土壤中保持活力可达50年，甚至250年。芽孢抵抗力很强，在污染毛、皮上可以存活几年。

炭疽的持续暴发主要依赖于由钙表层、颗粒碱性土壤以及浅盆地组成的受芽孢污染的土壤。在温带地区，动物感染往往通过污染的进口动物饲料零星发生，而人类感染通常与经营进口生皮或皮毛有关。

受损伤的人的皮肤接触受炭疽芽孢杆菌感染的血液或组织，可能产生局部的皮肤病变；在处理受污染的生皮或毛皮时，吸入芽孢可导致发生高度致命的出血热，或由于食用炭疽芽孢杆菌感染的肉而发展成肠道组织疾病，或者因食用未煮熟的死于炭疽的动物肉类发生肠炭疽。人类感染炭疽，最常见的是皮肤炭疽，占人类病例的95%~98%。

死于炭疽的动物的皮张或毛皮有可能被炭疽芽孢污染，制革厂工人的皮肤炭疽一直被认为是职业危害。在有效监管下，被屠宰的动物皮张或毛皮污染风险极小，来源于炭疽呈地方性流行的国家（地区）的干皮被广泛视为高风险材料。因此，炭疽芽孢杆菌在国际皮张类商品贸易中被认为是一个潜在危害。

（八）牛病毒性腹泻病毒

牛病毒性腹泻（BVD）是由牛病毒性腹泻病毒（BVDV）引起的一种传染病，典型的临床症状为黏膜发炎、糜烂、坏死和腹泻。WOAH 将牛病毒性腹泻列入须通报的动物疫病名录，《中华人民共和国进境动物检疫疫病名录》将其列入二类传染病，农业农村部《一、二、三类动物疫病病种名录》将其列为三类动物疫病。

牛病毒性腹泻病毒属于黄病毒科瘟病毒属，目前主要有两种基因型——BVDV-1 和 BVDV-2，每个基因型均分为致细胞病变和非致细胞病变两种生物型。BVDV-1 呈全球性分布；BVDV-2 主要发生在北美地区，通过受污染的疫苗被引入意大利和荷兰。该病毒通常是经由感染动物间直接接触和/或通过短距离的气溶胶传播。潜伏期通常是 3~7 天，动物在初始感染后保持病毒血症 4~15 天，很少超过 10~14 天。感染后 2~4 周出现抗体。

未怀孕牛感染 BVDV-1 后表现出轻度感染，持续发热 3~7 天，白细胞减少。其间会发生病毒血症，鼻腔分泌物中出现病毒。临床症状通常是温和的，偶尔可见腹泻。该病毒广泛分布在大多数牛群中，牛一般在怀孕之前感染。自然怀孕动物感染后，尤其是在妊娠早期，可能导致胎体死亡，足月或接近足月分娩的持续感染的小牛可能产生免疫抑制；受精前后感染该病毒会显著影响繁殖性能。在美国，首次感染 BVDV-2 后，死亡率高达 10%，呈现严重的白细胞减少症和出血性疾病。

持续感染的免疫抑制动物主要是被非致细胞病变型牛病毒性腹泻病毒感染，临床表现可能正常，也可能停止生长，一年之内死亡。持续感染牛病毒性腹泻病毒的动物重复感染致细胞病变型牛病毒性腹泻病毒，会引发牛病毒性腹泻。再次感染带毒动物的致细胞病变型牛病毒性腹泻病毒，通常是由非致细胞病变型牛病毒性腹泻病毒突变而来，也可能是感染了新的外来致细胞病变型牛病毒性腹泻病毒。

病毒在低于 10℃、pH 值 3~9 范围是稳定的。20℃下可存活 3~7 天，

5℃下可存活 3 周。受感染动物在疫病的急性期会产生病毒血症，而且持续病毒血症会导致动物产生免疫抑制，牛病毒性腹泻病毒可存在于感染动物皮肤以及被血液污染的皮肤中。因此牛病毒性腹泻病毒在国际皮张类商品贸易中被认为是潜在的危害。

（九）Q 热

Q 热是由贝氏柯克斯体（Coxiella burnetiid，Cb）引起的一种自然疫源性人畜共患传染病，是危害世界畜牧养殖业的主要疫病之一。WOAH 将 Q 热列入须通报的动物疫病名录，《中华人民共和国进境动物检疫疫病名录》将其列为二类传染病，农业农村部《一、二、三类动物疫病病种名录》将其列为三类动物疫病。

该病以蜱、螨为媒介，在野生啮齿动物及其他野生动物中自然循环，形成自然疫源地。病原体经蜱、螨或犬等从自然疫源地传播至家居环境，主要感染牛、羊等家畜，导致流产、死胎、产弱仔等，并通过胎盘、流产胎儿、羊水等扩散病原体，或形成气溶胶等在牛羊等家养动物间流行，从而形成另一完全独立循环的疫源地。Q 热存在宿主依赖的相变异现象，即致病性抗原 I 相，见于被感染的人和动物；非致病性抗原 II 相，经鸡胚和细胞反复传代获得。人患 Q 热表现为急性型（肺炎、肝炎）或严重的慢性型（心内膜炎）；牛患 Q 热的症状有流产、死胎或弱犊、胎衣不下、子宫内膜炎和不育；小反刍畜患 Q 热常伴发畜群突然流产，紧接着无并发症状康复，但感染持续多年或终身。绵羊、山羊和牛主要呈无症状带菌，但在分娩时排出大量病原菌，并在分泌物和排泄物中间歇排菌。

贝氏柯克斯体在干燥环境下可长时间保持活性，因此人可通过直接与受感染的动物接触或间接接触受污染的灰尘而感染。人感染后主要表现为亚临床症状，会导致流感样症状、肺炎、肝炎和心内膜炎。人与人之间的传播很少发生。

贝氏柯克斯体的自然宿主包括 11 个属 40 种硬蜱和软蜱，及众多动物和鸟类。野生哺乳动物和鸟类隐性感染，可通过采食感染的动物从而吸入病原体直接感染，或通过接触被感染的家养和野生反刍动物污染区内带病原体的粉尘间接感染。一旦感染，蜱将终身带菌，并将立克次体传递给后代。哺乳动物和鸟类的感染同样持续很长一段时间，但不是终身感染。并不是所有种类的蜱感染病原后都可以传播疫病，只在吸食受感染血液后很短时间内才带有病原。

家养动物一般通过蜱叮咬或通过接触干燥的蜱粪便感染。肺是贝氏柯克斯体增殖的原发部位。在发育的最后阶段，病原可在子宫、胚胎、乳房大量繁殖。一旦病原在家养反刍动物群定殖，就不再依靠蜱进行传播，将在动物之间水平传播，分娩时可导致群体感染。产羔时，羊毛可能会被羊水和粪便携带的贝氏柯克斯体严重污染。因病原体高度耐受环境，可能会长时间持续污染。在屠宰场从事牛皮加工，员工抗体检测常常为阳性，从而表明贝氏柯克斯体感染皮张并不少见。

贝氏柯克斯体对环境高度耐受，可以在环境中长时间存活，可污染羊毛、毛发和皮张，因此被认为是国际皮张类商品贸易中的一种潜在危害。

（十）布鲁氏菌病

布鲁氏菌病广泛分布于世界各地，能侵害多种家畜、野生动物和人类。病畜和带菌畜是该病的主要传染源，病原菌可随乳汁、粪便、尿液、羊水和子宫渗出物排出体外，通过污染草场、畜舍、用具、饮水和饲料等引起动物感染。消化道是主要感染途径，其次是生殖道、呼吸道、皮肤和黏膜等。尤其是受感染的妊娠母畜，在流产和分娩时将大量布鲁氏菌随着胎儿、羊水和胎衣排出，流产后的阴道分泌物以及乳汁中都含有布鲁氏菌。

被感染发病的动物可出现皮肤败血症。有研究表明，布鲁氏菌能够在粪便污染的皮革中存活长达 25 天，在污染的脱脂牛奶中存活 17 天。该病原对环境具有很强的抵抗力，能在粪便和土壤中存活数月，在牛奶中存活数天。犬种布鲁氏菌种能在干燥的建筑石材、石材和水泥抹灰等环境中存活 0.5~9 天。布鲁氏菌属可以在盐腌或干皮中生存数周，在潮湿的粪便污染的皮张内存活数月。

布鲁氏菌可以在粪便、牛奶、阴道分泌物污染的皮张中存活一定时间，在干皮或腌皮中可存活数周甚至数月，因此被认为是国际皮张类商品贸易中的一种潜在危害。

（十一）嗜皮菌病

嗜皮菌病是由刚果嗜皮菌引起的一种渗出性、化脓性皮炎，呈急性或慢性感染，为各种动物和人共患的皮肤性传染病。该病主要发生于牛、绵羊和马，也可见于山羊、野生哺乳动物、蜥蜴和海龟，偶尔也感染人、犬、猫和猪。《中华人民共和国进境动物检疫疫病名录》将嗜皮菌病列入其他传染病。

刚果嗜皮菌在环境中有较强的生存力，曾在干燥季节的土壤中被分离出。病原体以游动孢子形式侵染，当被感染皮肤变得潮湿时可释放游动孢子。游动孢子的寿命只有数小时，但干燥的孢子可以存活很长时间。嗜皮菌于1915年首次在刚果的发病牛中被分离出，在非洲较为常见。目前嗜皮菌病在世界上许多国家（地区）发生并有扩大蔓延的趋势。带菌动物是该病的传染源。蜱和咬蝇是牛、马传播该病的主要因素，天然的皮肤和羊毛蜡质作用对传染是有效的屏障，而粗毛绵羊和美利奴羊因缺乏蜡质，对该病很敏感。该病可通过直接接触或间接接触（如共用厩舍、饲槽或蝇类叮咬的机械传播）引起水平传播，也可能存在垂直传播。

刚果嗜皮菌对外界环境抵抗力强，干燥孢子可能在皮张上存活较长时间，被认为是国际皮张类商品贸易中的一个潜在危害。

（十二）绵羊地方性流产

绵羊地方性流产又称绵羊衣原体病，是由流产嗜衣原体引起的人畜共患传染病。流产嗜衣原体在宿主体内存在2种形态：网状体和压缩形式的原体，病原体以原体形式在环境中生存。流产嗜衣原体除绵羊外，也可感染山羊、牛、猪和鹿。患病动物和带菌者是主要的传染源。病畜可以通过粪便、尿、乳汁以及流产的胎儿、胎衣和羊水排出病原菌，并污染水源和饲料等，可经消化道感染健康动物，亦可由污染的尘埃和散布于空气中的液滴，经呼吸道或眼结膜感染。粪-口途径是最常见的传播途径。

流产嗜衣原体对环境耐受性强，粪便和生殖道体液排放可能污染皮张。因此，该病原被认为是国际皮张类商品贸易中的一个潜在危害。

（十三）沙门氏菌和其他肠杆菌感染

肠杆菌科包括28属80余种，涵盖了多种致病性细菌和许多非致病性细菌，其中沙门氏菌被视为该组细菌的典型代表。沙门氏菌属包含2500种血清型，其中与羊发病有关的重要血清型有羊流产沙门氏菌和都柏林沙门氏菌。羊流产沙门氏菌是导致羊流产的沙门氏菌之一，在欧洲的部分地区流行。许多国家（地区）都发生过由都柏林沙门氏菌和鼠伤寒沙门氏菌引起的地方性流产。都柏林沙门氏菌是牛和羊肠道沙门氏菌病的主要致病菌。

临床发病康复的羊可能会变成亚临床病原携带者，可通过粪便向外不间断地排出病原。部分不流产的羊也可以成为病原携带者。沙门氏菌能在环境中存活数月，特别是在粪便中可长期保持活性，并能抗脱水和盐渍处理。

沙门氏菌属和其他肠杆菌科细菌能在环境中存活很长时间，受上述细菌感染的粪便可能污染动物皮张，因此被认为是国际皮张类商品贸易中的一个潜在危害。

（十四）马鼻疽

马鼻疽是由鼻疽伯克霍尔德氏菌引起的高度接触性传染病。该病主要侵害单蹄兽，尤其是马、驴和骡，也可感染人。典型的临床症状为肺和其他器官的结节性病变以及皮肤、鼻腔黏膜和呼吸道的溃疡性病变。WOAH将马鼻疽列入须通报的动物疫病名录，《中华人民共和国进境动物检疫疫病名录》将其列入二类传染病，农业农村部《一、二、三类动物疫病病种名录》将其列入二类动物疫病。

感染病马是该病的主要传染源。马、骡、驴等单蹄马属动物对该病易感，马通常是慢性感染，骡、驴感染后常呈急性感染。康复的动物一般持续带菌。马鼻疽能够引起上呼吸道的结节和溃疡，皮肤可形成由结节性脓肿和溃疡排脓导致的淋巴系统串珠状肿大。

研究表明，鼻疽伯克霍尔德氏菌可以在自然感染腐烂的材料中生存14~40天，也可以在干燥的丝线上存活90天以上。鼻疽伯克霍尔德氏菌可寄居在患病马的皮肤上，也有可能生存在自然环境中，因此鼻疽伯克霍尔德氏菌被认为是国际皮张类商品贸易中的一个潜在危害。

（十五）猪铁士古病毒性脑脊髓炎（原称猪肠病毒脑脊髓炎、捷申或塔尔凡病）

猪铁士古病毒性脑脊髓炎是由小RNA病毒科、捷申病毒属的猪捷申病毒引起的一种病毒性传染病。典型的临床症状为猪脑脊髓灰质炎、母猪繁殖障碍、腹泻、皮肤损伤。《中华人民共和国进境动物检疫疫病名录》将其列入二类传染病。

该病传播主要通过粪-口途径。被感染的猪通过排泄物排出病毒，可持续 8 周。肠道病毒环境抵抗力较强。猪捷申病毒对外界环境抵抗力强，皮张可被含病毒的粪便污染，因此被认为是国际皮张类商品贸易中的一个潜在危害。

四、皮张类产品的动物检疫风险

在皮张加工过程中，浸灰、浸酸和鞣制的处理能够充分杀灭皮张中可能携带的病原微生物，因此本部分内容仅针对浸灰处理前的皮张，主要是进口鲜皮、风干皮、盐湿皮、盐渍皮、盐干皮。我国是世界最大的牛皮进口国，进口量占全球 20% 以上份额，主要贸易国家（地区）有美国、澳大利亚、德国、加拿大、英国、乌拉圭、南非等。我国羊皮进口量也很大，主要贸易国家（地区）有澳大利亚、新西兰、美国、西班牙、挪威、荷兰、希腊和法国等。本部分将分别对进口盐渍牛皮和绵羊皮、山羊皮进行动物疫病风险分析。

对皮张类产品进行动物检疫风险识别的基础是 WOAH 须通报的动物疫病名录和《中华人民共和国进境动物检疫疫病名录》中列出的重要动物疫病。如果动物疫病符合下列条件之一，将被归为潜在危害，可能随进口动物皮张传入我国，形成潜在的生物安全风险：属于外来动物疫病；在我国曾经发生，但是目前已经扑灭；我国存在该病，但是目前国内已制订扑灭计划。另外，如果动物疫病流行病学显示潜在危害存在于生皮或皮张，可能直接或间接传播给动物、人类或环境，则被认为是潜在危害。

部分动物疫病可能存在于生皮或皮张，但不能通过皮张传染给动物，比如疫病通过皮张上不存在的节肢动物媒介传播，疫病只通过性传播，疫病只通过活动物呼出的气溶胶或飞沫传播，携带病原的节肢动物寄生虫只寄生在活动物上，不能在生皮或毛皮上存活，则该疫病不被列为潜在危险。

（一）进口盐渍牛皮的生物安全风险

根据 WOAH 须通报的动物疫病名录和《中华人民共和国进境动物检疫疫病名录》，共列出需重点关注的 35 种牛疫病，其中有 4 种在我国没有分布或已经被扑灭，分别是牛瘟、牛传染性胸膜肺炎、牛海绵状脑病和裂谷热；6 种被列入《国家动物疫病监测与流行病学调查计划（2021—2025

年）》，分别是口蹄疫、狂犬病、布鲁氏菌病、牛结节性皮肤病、牛结核病和包虫病。具体内容见表3-6。

表3-6 动物疫病风险识别表（牛疫病）

危害	疫病名称	中国分布	官方控制	释放传入的可能性	暴露扩散的可能性	是否潜在危害
病毒病	口蹄疫	N	N	N	N	N
	牛瘟	N	N	N	N	N
	裂谷热	N	N	N	N	N
	蓝舌病	N	N	N	N	N
	流行性乙型脑炎	N	N	N	N	N
	克里米亚-刚果出血热	N	N	N	N	N
	西尼罗热	N	N	N	N	N
	伪狂犬病	N	N	N	N	N
	狂犬病	N	N	N	N	N
	牛病毒性腹泻	N	N	N	N	N
	牛地方流行性白血病	N	N	N	N	N
	牛结节性皮肤病	N	N	N	N	N
	牛传染性鼻气管炎	N	N	N	N	N
	赤羽病	N	N	N	N	N
	牛海绵状脑病	N	N	N	N	N
	牛恶性卡他热	N	N	N	N	N
细菌病	炭疽	N	N	N	N	N
	布鲁氏菌病	N	N	N	N	N
	副结核病	N	N	N	N	N
	牛生殖道弯曲杆菌病	N	N	N	N	N
	牛结核病	N	N	N	N	N
	嗜皮菌病	N	N	N	N	N
	出血性败血病	N	N	N	N	N

表3-6 续

危害	疫病名称	中国分布	官方控制	释放传入的可能性	暴露扩散的可能性	是否潜在危害
寄生虫病	伊氏锥虫病	N	N	N	N	N
	棘球蚴病/包虫病	N	N	N	N	N
	新（旧）大陆螺旋蝇蛆病	N	N	N	N	N
	牛无浆体病（边虫病）	N	N	N	N	N
	牛巴贝斯虫病	N	N	N	N	N
	泰勒虫病	N	N	N	N	N
	毛滴虫病	N	N	N	N	N
	牛皮蝇蛆病	N	N	N	N	N
真菌	钩端螺旋体病					
支原体	牛传染性胸膜肺炎	N	N	N	N	N
立克次氏体	Q热	N	N	N	N	N
	心水病	N	N	N	N	N

注：N 代表"无"或者"不是"。

通过对病原体是否在我国分布、官方是否有控制措施、病原体随进口盐渍牛皮释放传入的可能性以及病原体在环境中暴露扩散的可能性进行定性风险分析，在风险识别的 35 种牛疫病中，口蹄疫、牛病毒性腹泻、牛结节性皮肤病、炭疽、布鲁氏菌病、Q 热 6 种疫病被认为是进口盐渍牛皮中具有潜在危害的动物疫病。

从病原存活力和盐渍牛皮加工过程对病原体活性的影响的角度，对上述 6 种具有潜在危害的疫病进行传入释放风险评估。病原体存活力和对制革环境的抵抗力越强，传入释放风险越高。从制革厂的兽医卫生防疫条件和固体废弃物的处置两方面对上述 6 种疫病进行暴露扩散风险评估。无论是与加工前的进口盐渍牛皮直接接触，还是与其在加工过程中产生的废弃物间接接触，都有暴露扩散的风险，最终导致病原体从制革厂扩散到外部环境。后果评估主要是评估生物危害发生后对经济、生态和国民健康造成的影响。在风险分析中，如果释放评估认为有害生物或病原体是进口盐渍牛皮带来的潜在危害，会对其进行后果评估。具体风险评估结果见表 3-7。

表 3-7 进口盐渍牛皮中潜在危害风险评估

疫病名称	传入释放风险	暴露扩散风险	潜在影响	风险等级
口蹄疫	高	高	高	高
牛病毒性腹泻	中	中	高	中
牛结节性皮肤病	高	低	高	低
炭疽	高	高	高	高
布鲁氏菌病	高	高	高	高
Q 热	中	低	中	低

经过风险评估，牛病毒性腹泻、Q 热和牛结节性皮肤病 3 种动物疫病分别具有"中""中""高"的传入风险，"中""低""低"的扩散风险，风险等级分别为"中""低""低"；口蹄疫、炭疽和布鲁氏菌病 3 种动物疫病传入和扩散风险均为"高"，风险等级也都为"高"，一旦传入，会对我国的经济、生态和国民健康造成严重影响，导致较为严重的生物安全风险。因此，在进口盐渍牛皮浸酸和鞣制加工前，必须采取在制革用水中加入杀菌剂或消毒剂，制革工人更衣和洗手消毒等防护措施。

（二）进口绵羊皮和山羊皮的生物安全风险

根据 WOAH 须通报的动物疫病名录和《中华人民共和国进境动物检疫疫病名录》，共列出需重点关注的 23 种羊疫病，其中痒病和裂谷热 2 种在我国没有分布；5 种被列入《国家动物疫病监测与流行病学调查计划（2021—2025 年）》，分别是口蹄疫、狂犬病、布鲁氏菌病、小反刍兽疫和包虫病。具体内容见表 3-8。

表 3-8　动物疫病风险识别表（羊疫病）

危害	疫病名称	中国分布	官方控制	释放传入的可能性	暴露扩散的可能性	是否潜在危害
病毒病	口蹄疫	N	N	N	N	N
	小反刍兽疫	N	N	N	N	N
	裂谷热	N	N	N	N	N
	蓝舌病	N	N	N	N	N
	绵羊痘和山羊痘	N	N	N	N	N
	克里米亚-刚果出血热	N	N	N	N	N
	狂犬病	N	N	N	N	N
	痒病	N	N	N	N	N
	山羊关节炎/脑炎	N	N	N	N	N
	肺腺瘤病	N	N	N	N	N
	内罗毕羊病	N	N	N	N	N
	梅迪-维斯纳病	N	N	N	N	N
	边界病	N	N	N	N	N
细菌病	炭疽	N	N	N	N	N
	副结核病	N	N	N	N	N
	布鲁氏菌病	N	N	N	N	N
寄生虫病	棘球蚴病/包虫病	N	N	N	N	N
真菌	钩端螺旋体病	N	N	N	N	N
支原体	传染性无乳症	N	N	N	N	N
	山羊传染性胸膜肺炎	N	N	N	N	N
衣原体	绵羊地方性流产	N	N	N	N	N
立克次氏体	Q热	N	N	N	N	N
	心水病	N	N	N	N	N

注：N代表"无"或者"不是"。

通过对病原体是否在我国分布、官方是否有控制措施、病原体随进口绵羊皮和山羊皮释放传入的可能性，以及病原体在环境中暴露扩散的可能性进行定性风险分析，在风险识别的 23 种羊疫病中，口蹄疫、绵羊痘和山羊痘、绵羊地方性流产、炭疽、布鲁氏菌病和 Q 热 6 种疫病被认为是进口绵羊皮和山羊皮中具有潜在危害的动物疫病。

从病原存活力和绵羊皮、山羊皮加工过程对病原体活性的影响两方面，对上述 6 种具有潜在危害的疫病进行传入释放风险评估，病原体存活力和对制革环境的抵抗力越强，传入释放风险越高。暴露评估主要是评估进口绵羊皮和山羊皮释放的潜在危害感染我国易感宿主的可能性。从制革厂的兽医卫生防疫条件和固体废弃物的处置两方面对上述 6 种疫病进行暴露扩散风险评估。无论是与加工前的进口绵羊皮和山羊皮直接接触，还是与其在加工过程中产生的废弃物间接接触，都有暴露扩散的风险，最终导致病原体从制革厂扩散到外部环境。后果评估主要是评估生物危害发生后对经济、生态和国民健康造成的影响。如果释放评估认为有害生物或病原体是进口绵羊皮和山羊皮带来的潜在危害，会对其进行后果评估。具体风险评估结果见表 3-9。

表 3-9 进口绵羊皮和山羊皮中潜在危害风险评估

疫病名称	传入释放风险	暴露扩散风险	潜在影响	风险等级
口蹄疫	高	高	高	高
绵羊痘和山羊痘	高	高	高	高
绵羊地方性流产	高	高	高	高
炭疽	高	高	高	高
布鲁氏菌病	高	高	高	高
Q 热	中	低	中	低

经过风险评估，Q 热传入风险为"中"，扩散风险为"低"，风险等级为"低"；口蹄疫、绵羊痘和山羊痘、绵羊地方性流产、炭疽和布鲁氏菌病 5 种动物疫病传入和扩散风险均为"高"，风险等级均为"高"，一旦传入，会对我国的经济、生态和国民健康造成严重影响，导致较为严重的生物安全风险。因此，在进口绵羊皮和山羊皮浸酸和鞣制加工前，必须采取在制革用水中加入杀菌剂或消毒剂，制革工人更衣和洗手消毒等防护

措施。

五、皮张类产品的植物检疫风险

（一）杂草种子

杂草和杂草种子可附着在生皮或者绵羊皮的毛中，其中部分杂草可以无性繁殖和通过植物碎片繁殖，也可以通过皮张上携带的植物碎片生长繁殖。

种子可以在非适宜的生境内存活，并且至少能存活一个生长周期。许多种子可以存活数年，直至最适宜环境出现后再发芽生长。大多数种子对干旱具有高抗性，尤其是那些适应沙漠或干热气候的植物的种子，并且大多数种子在干燥的环境中能较好地存活。有些植物种子特别适应在水中保持活性。有些种子能够适应遭受间歇性火烧的环境并存活下来，或者能被火烧激活。有些种子适应于被水传播，其中包括那些能适应咸水的种子。

种子可以存在于被粪便污染的皮张中。杂草种子可以在通过消化系统的过程中存活下来，一些具有活性的种子可能会伴随粪便排出。这是一种经确认的杂草种子的传播方式。堆肥作用产生的高温可以减少杂草种子的数量，但是并不能完全除掉所有的杂草种子。然而，皮张上的粪便并不可能来自堆肥坑，而是直接来自动物的排泄，并且粪便中的种子有可能在干燥的皮张中存活下来。

在干腌的过程中，皮张可被手动清洁（至少会把污染物如植物碎片、种穗和大块粪便擦去）。干腌使皮张脱水，并形成饱和盐溶液。这种方法可以破坏许多低抗性的种子，但是不能确保灭活所有的杂草种子。同样，将皮张浸渍在高浓度盐溶液中湿腌的方法，可以将皮张表面的污染物如粪便和泥土除去并且杀死低抗性的种子，但也不能灭活所有的种子。在皮张处理过程中，大多数（并非所有）的杂草种子被清除和灭活。

皮张和毛皮中的杂草种子可以通过处理中产生的固体和液体废弃物传播到环境中，并在合适的环境下发芽繁殖。种子有可能对农作物或环境有害，造成生物安全风险。近年来，我国多个口岸均从进境皮张中截获了多种检疫性有害生物，包括意大利苍耳、宾州苍耳、苍耳属（非中国种）、法国野燕麦等，另外还有墙大麦、无芒稗、菟丝子以及禾本科、大麦族、新麦草属的杂草和种子等。

综上所述，一些高抗性的杂草种子可以在经干燥和盐腌的皮张中存活，杂草种子在皮张类商品贸易中被认为是一个潜在危害。

（二）携带的害虫

随皮张类产品贸易传播害虫是指黏附到任意进境皮张携带传入的生物体。肥料、土壤、动物分泌物或排泄物等的污染物，以及肥料或有机体分泌物中包含的寄生虫或生物体，都可被认为是随贸易传入。相比其他物品，皮张更容易携带进境生物，主要是黏附皮张的昆虫，例如寄生和以皮张为食的甲虫。另外，没有很好腌制处理的皮张（或是一小块没有处理好的动物皮张）可能腐烂并吸引苍蝇，从而可能携带蝇蛆病，皮张上布满蝇蛆，或在后期蛆化蛹甚至是羽化成虫。其他昆虫以皮张为食而随附，例如蟑螂。

皮张携带的害虫可以通过许多可能的途径从过渡设施逃离并存活于外环境，包括释放到环境中的废水、包含真菌或细菌孢子尘埃的风传送、土壤中有机体的运输转移、通过工人以及车辆的传送。过渡设施中逃出的害虫可能会接触到环境中的动物或植物，造成疫病传播或外来生物入侵。近年来，我国多个口岸均从进境皮张中截获了大量不同种类的害虫，包括黑皮蠹、白腹皮蠹、子圆皮蠹、花斑皮蠹等皮蠹类害虫，还有幕衣蛾、双翅目蝇科、麻蝇科、斑蚜黑蝇、厩腐蝇、芒蝇属、螨、蜱、蜘蛛等。

综上所述，随皮张类产品贸易携带害虫种类繁多，故而皮张随附害虫在皮张类商品贸易中被认为是一个潜在危害。

第三节
毛鬃类产品的生物安全风险

◇

一、毛鬃类产品简介

毛鬃类产品是一类重要的国际贸易产品，主要包括羊毛、羊绒、猪鬃、马鬃和马尾毛。

（一）羊毛

羊毛，即绵羊毛，为生长在绵羊身上的毛纤维，是纺织工业的重要原料，具有弹性好、吸湿性强、保暖性好等优点。根据纤维平均直径大小，分为超细羊毛（纤维直径在 $19.0\mu m$ 及以下的同质毛）、细羊毛（纤维直径在 $19.1\mu m \sim 25.0\mu m$ 的同质毛）、半细羊毛（纤维直径在 $25.1\mu m \sim 55.0\mu m$ 的同质毛）；根据羊毛加工处理方式不同，分为原毛、洗净毛、炭化毛和羊毛条。原毛，又称含脂毛，取自绵羊身上或绵羊皮上剪下的未经洗涤、溶剂脱脂、炭化或者其他方法处理过的羊毛。洗净毛是指经洗毛工序除去油脂和尘土后的羊毛。炭化毛是指经炭化（或酸处理）去除植物性杂质后的羊毛。羊毛条是指洗净毛混合加油后，经过梳毛机和精梳机梳理、并合、牵伸，制成纤维较平行伸直的毛条。

原毛经过高温和酸处理，特别是炭化去草过程后梳理下的断毛和散毛，成为羊毛落毛。

（二）羊绒

羊绒，即山羊绒，是生长在山羊外表皮层，掩在山羊粗毛根部的一层薄薄的细绒。羊绒在入冬寒冷时长出，抵御风寒，开春转暖后脱落，自然适应气候，属于稀有的特种动物纤维。山羊原绒、洗净山羊绒、分梳山羊绒统称为山羊绒。山羊原绒是指从具有双层毛被的山羊身上取得的、以下层绒毛为主附带有少量自然杂质的、未经加工的毛绒纤维。山羊原绒经过洗涤达到一定品质要求的为洗净山羊绒；经洗涤、工业分梳加工后的，称为分梳山羊绒。

（三）猪鬃

猪鬃是适于制刷用途的猪的鬃毛的统称，主要是指猪颈部和背/脊部生长的 5cm 以上的刚毛。猪鬃刚韧富有弹性、不易变形、耐潮湿、不受冷热影响，是工业和军需用刷的主要原料，也是我国传统的出口物资，出口量占世界第一位。根据加工方式不同，主要分为染色猪鬃、漂白猪鬃和水煮猪鬃。染色猪鬃是猪鬃经染色加工后成为另外一种颜色的猪鬃产品；漂白猪鬃是原白猪鬃经漂白加工后成为全白色猪鬃产品；水煮猪鬃是经高温水煮加工后的猪鬃产品。

在猪鬃加工过程中，先按毛色将猪毛分类，并剔除其中腹毛、尾毛、发霉毛发及杂物；然后将选好的猪毛放在 45℃～60℃ 的温水中发酵 24 小时，使猪鬃所带的残肉、油脂彻底软化；之后将发酵湿润的猪鬃从水中捞出，用木板捣松肉皮，使其与粘着的猪鬃完全分离松散，将松散的猪毛经水洗后，再用铁梳将绒毛、皮屑等梳理并洗净，并用清水清洗数次；将洗净后的猪鬃放在竹筛上，置于炕灶上烘干或放在日光下晒干，干后的猪鬃即成"毛铺"。将猪鬃毛铺用绳捆在小木板上，放在锅内蒸 0.5～1h，使鬃条变直并增加光泽，除去腥秽，达到消毒的目的。用麻绳束住猪鬃批子，用梳子剔除长鬃分别放置，批子经核剔后按尺码长短分级，用搓搓方法使其倒毛挤出、头尾理顺，再按各种规格尺码分别以黄麻绳扎其根部捆成结实的原把子。

（四）马鬃和马尾毛

马鬃，又名马鬃尾，指马颈上的长毛。马尾毛，指马尾巴上的长毛纤维，具有纤维长、拉力强、耐磨耐湿、不易折断等特点，是纺织衣服衬布、制作丝竹乐器弓弦和毛刷的原料。一般采取水煮法对马鬃进行加工处理，主要是将原料马鬃、马尾毛按毛色分类后，放入含 0.5% 净洗剂和 0.1% 碳酸钠的沸水中煮 0.5h 取出，用净水洗净，晾至含水率 10%～11%，再用手工在钉板上拉清、打包、采把，然后用线绳以 30mm 腰距捆成小把。

二、毛鬃类产品加工过程中的生物安全风险

对于动物病原体而言，羊毛是一个适宜生存和生长的环境，尤其是可以导致羊毛污染和动物发热的病原体。动物纤维也是公认的传播人畜共患病的媒介，尤其是炭疽。作为一种特殊的商品，羊毛是一种可以不经任何卫生环节加工就交易的动物产品，任何外来病原体都可能存在，因而其携带病原复杂、难以预测且不易确定。有些羊毛甚至可能夹带粪便和土壤等禁止进境物，机械采毛易混入皮屑和血凝块，在现场查验中却难以发现，而这些常常是病原体最有可能存在的地方。在羊毛采集过程中，从患有疥癣病的绵羊身上取得的羊毛称为"疥癣毛"，带有结痂或皮屑。被粪便严重污染的羊毛称为"粪污毛"。在羊绒采集过程中，从患有疥癣病的山羊身上取得的、带有结痂和皮屑的山羊绒称为"疥癣绒"。在羊毛、羊绒进出口国际贸易中，上述产品都具有严重的生物安全风险。

（一）进口原毛

进口原毛通常以捆包的形式到达港口，并运输到洗涤加工厂洗涤和进行进一步处理。考虑到捆包在港口卸货时是保持封闭的，以及在运输到加工厂时是完全遮盖的，因此在该过程中生物安全风险较小。但是进入加工厂后，开包、除尘以及手工分拣进口羊毛，可能给工人带来人畜共患病的风险，比如炭疽。操作进口羊毛的人员可能暴露于尘土和羊毛废物，特别是在开包和除尘阶段。

进口原毛在洗涤过程中产生的废水和废弃物为固体或者半固体，包含尘土、甘油二酯、羊毛碎片、洗涤剂和污泥。洗涤废水主要通过污水处理厂处置，家畜接触洗涤废水的可能途径包括：放牧家畜的牧草被喷洒到废水；排放的废水流至后期放牧的农田水道中；在家畜可能接触到的开放区域倾倒未遮盖的固体废物。

（二）进口洗净毛

洗涤完毕之后，洗净羊毛被紧紧捆住以待出口。在仓库中等待进一步加工和运输至制造厂的洗净毛，在进一步加工之前并不会接触到动物。一旦抵达生产企业用于进一步加工，便没有机会和动物接触。在生产企业，羊毛被染色和制成纱线并被运输到其他工厂，经过一定时间的存储后被制造成地毯和服装。

洗净毛最有可能接触到动物的途径是其被进一步梳理，制成小羊和小牛的包被。但是，大多数用于制作这些动物包被的羊毛是循环使用的，前期已经被洗涤或染色过。

（三）进口染色和梳整过的羊毛

经染色和梳整的羊毛将进入生产企业被生产使用，没有接触活动物的机会，对工人造成的生物安全风险极低。

（四）猪鬃、马鬃和马尾毛

对于未经处理的猪鬃、马鬃和马尾毛等产品，可能携带有残肉、油脂等动物成分，具有传播动物疫病的可能，具有一定的生物安全风险；对于采用水煮方式处理的猪鬃、马鬃和马尾毛等产品，在处理过程中一般可以杀灭可能携带的病原微生物，因此水煮处理后该类产品携带病原微生物的可能性较小。

三、毛鬃类产品贸易相关的主要动物疫病

在毛鬃类产品贸易中，具有潜在性生物安全风险的动物疫病主要包括口蹄疫、猪水疱病、非洲猪瘟、古典猪瘟、绵羊痘和山羊痘、猪铁士古病毒性脑脊髓炎、绵羊地方性流产、炭疽、布鲁氏菌病、Q 热、传染性无乳症、山羊传染性胸膜肺炎、沙门氏菌病、马鼻疽、疥癣等。本节主要介绍传染性无乳症、山羊传染性胸膜肺炎、疥癣 3 种疫病。

（一）传染性无乳症

传染性无乳症是由无乳支原体引起的一种绵羊和山羊的急性、热性、败血性传染病。山羊和绵羊均能感染此病，典型临床症状为无乳症、关节炎、角膜炎和流产。WOAH 将传染性无乳症列入须通报的动物疫病名录，《中华人民共和国进境动物检疫疫病名录》将其列入其他传染病。

传染性无乳症遍布世界上所有养羊国家和地区。带菌羊和病羊是该病的主要传染源。感染羊和病愈时间不长的羊的脓汁、乳汁、眼和鼻的分泌物以及粪尿等可长期带菌，并可通过机体排出。病愈羊仍能多日甚至多年排菌。该病主要经水平传播，且接触感染性极强，羔羊也会通过吮吸感染的乳汁患病，乳汁中可包含大量支原体。

支原体对干燥非常敏感，但是在有利的条件下（高湿度、低温）能够存活较长时间。引起传染性无乳症的支原体可能会在羊毛中存活数周。因此，羊毛在数周内可能处于污染状态。在进口绵羊毛和山羊毛时，存在引入支原体造成传染性无乳症扩散的风险。

（二）山羊传染性胸膜肺炎

山羊传染性胸膜肺炎是由山羊支原体山羊肺炎亚种引起的山羊的一种高度接触性传染病，典型临床症状为高热（41℃~43℃）、流产、咳嗽、纤维素性肺炎和胸膜炎。WOAH 将山羊传染性胸膜肺炎列入须通报的疫病名录，《中华人民共和国进境动物检疫疫病名录》将其列入其他传染病，农业农村部《一、二、三类动物疫病病种名录》将其列入二类动物疫病。

山羊传染性胸膜肺炎目前广泛分布于非洲和亚洲国家（地区）。在自然条件下，该病仅感染山羊，3 岁以内的山羊最易感并发生死亡。病羊是该病的主要传染源，其病肺组织和胸腔渗出液中含有大量病原体，主要经

呼吸道分泌物排出病原。在疫区常有营养不良而体温正常的山羊，但剖杀检查时，其肺脏常有陈旧的肺炎病灶，该类病羊往往是传染源。该病的传染方式主要是接触感染，病羊的飞沫经呼吸道传染易感羊可造成发病。阴雨连绵、寒冷潮湿、羊群密集、拥挤等因素利于发病。

支原体对干燥十分敏感，但是在适宜条件下（高湿、低温）可以存活较长时间，在污染的羊毛中可存活数周。在进口山羊毛时，山羊传染性胸膜肺炎属于一种潜在性风险。

（三）疥癣

疥癣病是由疥癣螨寄生在动物体表引起的慢性、寄生性皮肤病，典型临床症状为皮肤形成结节和水疱，蹭破后流出渗出液和血液，干燥后形成痂皮。《中华人民共和国进境动物检疫疫病名录》将其列入其他传染病、寄生虫病。

疥癣主要通过直接接触或者生物媒介传播的间接接触，造成疥螨和痒螨的传播。闲置一段时间已经处于干净状态的羊毛，能够被感染动物所在的圈舍重新污染。

螨对干燥极其敏感，大多数螨在离开宿主数天后死亡，但是在 4℃、相对湿度 70% 的条件下，螨离开宿主可以存活长达 49 天。成年螨可通过接触易感动物，造成羊毛的污染，并进行传播。因此在进口绵羊毛和山羊毛时，羊疥癣病属于潜在危害。

四、毛鬃类产品的动物检疫风险

在毛鬃类产品的加工过程中，水洗、水煮、炭化和酸处理等能够充分杀灭毛鬃类产品中可能携带的病原微生物，因此本部分内容仅针对原毛、原绒和未加工的动物鬃、尾进行分析。

生物安全风险重点考虑毛鬃类产品在生产、加工、运输过程中的相关工艺能否有效杀灭相关病原，产品的包装和储存过程能否防止交叉污染。生物安全风险大小取决于相关病原存在的可能性，毛鬃类产品受污染的可能性，病原的存活概率和加工工艺对病原体存活能力的影响。

对毛鬃类产品进行动物检疫风险识别的基础是 WOAH 须通报的动物疫病名录和《中华人民共和国进境动物检疫疫病名录》中列出的重要动物疫病。如果动物疫病符合下列条件之一，将被归为潜在危害，可能随进口原毛、原绒和未加工的动物鬃、尾传入我国，形成潜在的生物安全风险：属于外来动物疫病；在我国曾经发生，但是目前已经扑灭；我国存在该病，但是目前国内已制订扑灭计划。另外，如果动物疫病流行病学显示潜在危害存在于原毛、原绒和未加工的动物鬃、尾上，可能直接或间接传播给动物、人或环境，被认为是潜在危害。

部分动物疫病可能存在于原毛、原绒和未加工的动物鬃、尾，但不能通过原毛、原绒和未加工的动物鬃、尾传染给动物，比如疫病通过该类产品上不存在的节肢动物媒介传播；疫病只通过性传播；疫病只通过活动物呼出的气溶胶或飞沫传播；携带病原的节肢动物寄生虫只寄生在活动物上，但不能在原毛、原绒和未加工的动物鬃、尾上存活，则该疫病不被列为潜在危害。

（一）进口羊毛、羊绒的生物安全风险

根据 WOAH 须通报的动物疫病名录和《中华人民共和国进境动物检疫疫病名录》，共列出需重点关注的 25 种羊疫病，其中痒病和裂谷热 2 种在中国没有分布；5 种被列入《国家动物疫病监测与流行病学调查计划（2021—2025 年）》，分别是口蹄疫、狂犬病、布鲁氏菌病、小反刍兽疫和包虫病。具体内容见表 3-10。

表 3-10 动物疫病风险识别表（羊疫病）

危害	疫病名称	中国分布	官方控制	释放传入的可能性	暴露扩散的可能性	是否潜在危害
病毒病	口蹄疫	N	N	N	N	N
	小反刍兽疫	N	N	N	N	N
	裂谷热	N	N	N	N	N
	蓝舌病	N	N	N	N	N
	绵羊痘和山羊痘	N	N	N	N	N
	克里米亚-刚果出血热	N	N	N	N	N
	狂犬病	N	N	N	N	N
	痒病	N	N	N	N	N
	山羊关节炎/脑炎	N	N	N	N	N

表3-10 续

危害	疫病名称	中国分布	官方控制	释放传入的可能性	暴露扩散的可能性	是否潜在危害
病毒病	肺腺瘤病	N	N	N	N	N
	内罗毕羊病	N	N	N	N	N
	梅迪-维斯纳病	N	N	N	N	N
	边界病	N	N	N	N	N
细菌病	炭疽	N	N	N	N	N
	副结核病	N	N	N	N	N
	布鲁氏菌病	N	N	N	N	N
	沙门氏菌病	N	N	N	N	N
寄生虫病	棘球蚴病/包虫病	N	N	N	N	N
	疥癣	N	N	N	N	N
真菌	钩端螺旋体病	N	N	N	N	N
支原体	传染性无乳症	N	N	N	N	N
	山羊传染性胸膜肺炎	N	N	N	N	N
衣原体	绵羊地方性流产	N	N	N	N	N
立克次氏体	Q热	N	N	N	N	N
艾立希体	心水病	N	N	N	N	N

注：N代表"无"或者"不是"。

通过对病原体是否在我国分布，官方是否有控制措施，病原体随进口原毛、原绒释放传入的可能性，以及病原体在环境中暴露扩散的可能性，进行定性风险分析。在风险识别的25种羊疫病中，口蹄疫、绵羊痘和山羊痘、炭疽、布鲁氏菌病、沙门氏菌病、传染性无乳症、山羊传染性胸膜肺炎、绵羊地方性流产、Q热和疥癣等疫病被认为是进口原毛和原绒中具有潜在危害的动物疫病。

从病原体存活力和原毛、原绒加工过程对病原体活性的影响角度，对上述具有潜在危害的疫病进行传入释放风险评估。病原体存活力和对加工环境的抵抗力越强，传入释放风险越高。暴露评估主要是评价进口原毛和原绒释放的潜在危害感染我国易感宿主的可能性。从加工厂的兽医卫生防疫条件和固体废弃物的处置两方面，对上述疫病进行暴露扩散风险评估。无论是与加工前的进口原毛和原绒直接接触，还是与其在加工过程中产生的废弃物间接接触，都有暴露扩散的风险，最终导致病原体从加工厂扩散到外部环境。后果评估主要是评价生物危害发生后对经济、生态和国民健康造成的影响。如果释放评估认为有害生物或病原体是进口原毛和原绒带来的潜在危害，会对其进行后果评估。具体风险评估结果见表3-11。

表3-11　进口原毛和原绒中潜在危害风险评估

疫病名称	传入释放风险	暴露扩散风险	潜在影响	风险等级
口蹄疫	高	高	高	高
绵羊痘和山羊痘	高	高	高	高
绵羊地方性流产	高	高	高	高
传染性无乳症	中	低	中	低
山羊传染性胸膜肺炎	中	低	中	低
炭疽	高	高	高	高
布鲁氏菌病	中	高	高	中
Q热	中	低	中	低
沙门氏菌病	高	中	中	低
疥癣	中	中	中	低

经过风险评估，Q热、传染性无乳症、山羊传染性胸膜肺炎、沙门氏菌病和疥癣具有"中"或"高"的传入释放风险，"中"或"低"的暴露扩散风险，风险等级均为"低"；布鲁氏菌病具有"中"的传入释放风险，"高"的暴露扩散风险，风险等级为"中"；口蹄疫、绵羊痘和山羊痘、绵羊地方性流产、炭疽4种动物疫病传入释放风险和暴露扩散风险均为"高"，风险等级为"高"，一旦传入，将会对我国的经济、生态和国民健康造成严重影响，导致较为严重的生物安全风险。因此，在进口原毛和原绒进行水洗洗涤等加工前，必须采取严格的生物安全防护措施。

（二）进口猪鬃的生物安全风险

根据WOAH须通报的动物疫病名录和《中华人民共和国进境动物检疫

疫病名录》，共列出需重点关注的 38 种猪疫病，目前所有猪病在我国均有分布；6 种被列入《国家动物疫病监测与流行病学调查计划（2021—2025年）》，分别是非洲猪瘟、口蹄疫、猪流感、狂犬病、猪瘟和高致病性猪蓝耳病。通过对病原体是否在中国分布、官方是否有控制措施、病原体随进口未经加工的猪鬃释放传入的可能性，以及病原体在环境中暴露扩散的可能性，进行定性风险分析。在风险识别的 38 种猪疫病中，非洲猪瘟、口蹄疫、猪水疱病、猪瘟、猪铁士古病毒性脑脊髓炎、炭疽、沙门氏菌病和疥癣 8 种疫病被认为是进口未经加工的猪鬃中具有潜在危害的动物疫病。

经过风险评估，猪铁士古病毒性脑脊髓炎、沙门氏菌病和疥癣具有"中"或"高"的传入风险，"低"的扩散风险，风险等级均为"低"；非洲猪瘟、口蹄疫、猪水疱病、猪瘟、炭疽 5 种动物疫病传入和扩散风险均为"高"，风险等级均为"高"，一旦传入，会对中国的经济、生态和国民健康造成严重影响，导致较为严重的生物安全风险。因此，在进口未经加工的猪鬃进行水煮处理等加工前，必须采取严格的生物安全防护措施。

（三）进口马鬃、马尾毛的生物安全风险

根据 WOAH 须通报的动物疫病名录和《中华人民共和国进境动物检疫疫病名录》，共列出需重点关注的 23 种马疫病，目前非洲马瘟和亨德拉病在我国没有分布；3 种被列入《国家动物疫病监测与流行病学调查计划（2021—2025 年）》，分别是马鼻疽、马传染性贫血和非洲马瘟。通过对病原体是否在我国分布，官方是否有控制措施，病原体随未经加工的马鬃、马尾毛释放传入的可能性，以及病原体在环境中暴露扩散的可能性，进行定性风险分析。在风险识别的 23 种马疫病中，非洲马瘟、炭疽、马鼻疽、沙门氏菌病和疥癣 5 种疫病被认为是进口未经加工的马鬃、马尾毛中具有潜在危害的动物疫病。

经过风险评估，非洲马瘟具有"低"的传入风险和扩散风险，但是一旦释放后果严重，风险为"高"；沙门氏菌病和疥癣具有"中"或"高"的传入风险、"低"的扩散风险，风险等级为"低"；炭疽和马鼻疽传入和扩散风险"高"，风险等级"高"，一旦传入，会对我国的经济、生态和国民健康造成严重影响，导致较为严重的生物安全风险。因此，进口未经加工的马鬃、马尾毛在进行水煮加工前，必须采取严格的生物安全防护措施。

五、毛鬃类产品的植物检疫风险

（一）杂草种子

杂草和杂草种子可附着在原毛中。进口原毛中的杂草种子可以通过处理过程中产生的固体和液体废弃物传播到环境中。在合适的环境下种子可以发芽繁殖。能够萌发的种子有可能对农作物或环境有害，造成生物安全风险。近年来，我国多个口岸均从不同国家（地区）进境原毛和羊毛落毛中截获多种检疫性有害生物，包括意大利苍耳、宾州苍耳、苍耳属（非中国种）、美丽苍耳、刺苍耳、法国野燕麦等，另外还有墙大麦、黑麦草、看麦娘、三角猪殃殃等杂草和种子。

综上所述，部分杂草种子可以在原毛中存活，杂草种子在原毛类商品贸易中被认作一个潜在危害。

（二）携带的害虫

进口原毛携带的害虫可构成大量未知风险。近年来，我国多个口岸从进境原毛中截获了大量不同种类的害虫和虫卵，包括地中海白蜗牛、绵羊蜱蝇虫卵等。

硬蜱科家族中的蜱有坚硬的外壳，因此得名"硬蜱"。在硬蜱科家族的 10 种蜱中，硬蜱、微小牛蜱、璃眼蜱、血红扇头、血蜱、草原革和花蜱具有兽医意义。硬蜱是许多进口动物疫病的载体，包括巴贝斯虫病、泰勒虫病、边虫病、非洲猪瘟、绵羊内罗毕病、心水病、Q 热和跳跃病等。每种蜱适宜在一定的湿度和温度范围内生存，有些仅能在相对湿润且温暖的环境中生存，而其他冬季蜱在干燥环境中更活跃。部分寄生于家畜的蜱可以存活数月，如果环境适宜，有时即使没有食物供应，也能够存活数年。羊毛包装中的温度和湿度是相对稳定的，所以无食物供应的幼虫、若虫和成虫能够在这样的环境中存活数月或数年。无食物供应的幼虫、若虫和成虫可以通过原羊毛被引入。在进口绵羊毛和山羊毛时，硬蜱可以存活很长时间，属于一种潜在性风险。

近年来，我国口岸检疫人员多次从进口动物皮毛中检出亚洲璃眼蜱、盾糙璃眼蜱、绚丽花蜱以及囊形扇头蜱。2016—2018 年，上海口岸监测了南非进口羊毛携带蜱情况，发现其优势种类为伊文斯扇头蜱。2017—2018

年，新疆口岸从吉尔吉斯共和国进口的 16 批次羊毛中有 11 批次检出蜱，共检出蜱 39 只，隶属 2 科 4 属 5 种，分别为拉合钝缘蜱、亚洲璃眼蜱、边缘革蜱、刻点血蜱和具沟血蜱。其中具沟血蜱 30 只，占截获蜱总数的 76.9%，为吉尔吉斯共和国进口羊毛携带蜱的优势种类；活体蜱为拉合钝缘蜱若蜱。上述蜱类宿主广泛，可以传播布鲁氏菌、Q 热、无浆体病等多种人畜共患病，具有一定的生物安全风险。

综上所述，由于随原毛类产品贸易携带害虫种类繁多，原毛随附害虫在毛鬃类商品贸易中被认作一个潜在危害。

第四节
羽毛羽绒类产品的生物安全风险

一、羽毛羽绒类产品国际贸易主要加工方式

我国是羽毛羽绒及其制品的出口大国，主要出口到美国、日本、欧盟、东南亚等国家和地区。根据国家标准 GB/T 17685—2016《羽绒羽毛》中关于品名规定，主要分为羽毛绒和陆禽毛。羽毛绒是指生长在水禽类动物身上的羽绒和羽毛的统称，其中标称值为"绒子含量"大于或等于 50% 的统称为"羽绒"；标称值为"绒子含量"小于 50% 的称为"羽毛"。常见种类有鹅毛绒和鸭毛绒。陆禽毛是指以陆地为栖息习性的禽类的毛，常见种类有鸡、鸽、鸵鸟类。根据加工处理方式不同，分为未水洗羽毛羽绒和水洗羽毛羽绒。未水洗羽毛羽绒指从禽类身上拔取后，未经任何水洗加工或只经清水略漂洗的羽毛羽绒原料；水洗羽毛羽绒指从禽类身上拔取后，经良好的水洗加工和高温烘干，可直接用作制品填充料的羽毛羽绒。

（一）未水洗羽毛羽绒的加工工艺

主要包括采集原料毛、粗分、除灰、精分、打包、成品（规格毛）。

1. 原料毛

传统羽绒采集方式是宰杀浸烫后机械或手工脱毛。

2. 粗分

粗分是将原料毛分为"可用"与"不可用"。以空气为介质，利用各种成分悬浮速度的差异，在粗分机的垂直分离道内进行操作。绒子、毛片在风道内向上输送，最后进入后箱，而长毛片、硬毛片沉淀在前箱的底部，实现分离。

3. 除灰

除灰是指将粗分后有用组分内的沙石、尘土、皮屑等杂物除去。

4. 精分

除灰后的羽毛羽绒，需精分才能得到若干个绒子含量不同的"产品"。

5. 打包

精分后的羽毛羽绒为轻飘松散物料。为避免损失及被污染，提高运输和存储空间利用率，需用打包机进行打包。

（二）水洗羽毛羽绒的加工工艺

主要包括清洗脱水、烘干、冷却、打包、成品（填充料）

1. 清洗脱水

清洗是除灰、脱脂、除臭，使羽毛羽绒恢复原有柔软、富有弹性及特有光亮色泽的重要操作步骤。清洗用水须符合 GB 5749—2006《生活饮用水卫生标准》的要求。洗涤剂洗涤后，用清水漂洗，再离心脱水。

2. 烘干

用热力的方法对脱水后的羽毛羽绒进行烘干处理以及消毒、灭菌、除臭，并使水分含量降至安全值。

3. 冷却

烘干后的羽毛羽绒温度为100℃~120℃，须在冷却机内通入空气使之降温，才能进行打包。此过程尚有辅助除灰功能，使产品完全符合质量要求。

4. 打包

精分后的羽毛羽绒为轻飘松散物料。为避免损失及被污染，提高运输和存储空间利用率，需用打包机进行打包。

二、羽毛羽绒类产品加工过程中的生物安全风险

（一）原料环节

由于近年来全球各地禽流感疫情时有暴发，羽绒羽毛是否存在携带禽

流感病毒的风险也一直为广大消费者所关注。

未水洗羽绒羽毛存在携带禽流感病毒的风险。禽流感病毒在70℃2分钟或100℃1分钟即可灭活，在直射太阳光下病毒也容易被灭活，而水洗羽绒羽毛的生产加工过程需经过1小时的水洗及120℃的高温烘干过程，因此水洗羽绒羽毛携带禽流感病毒的风险极低。

"活拔绒"是欧洲及美国民间动物保护组织基于动物保护目的提出的一项非官方指标。目前羽绒羽毛原料基本都来自大规模养殖场，手工活拔的羽绒羽毛可能性极小。

（二）加工环节

在羽绒羽毛的清洗烘干环节，如果存在水质差、洗涤不彻底、烘干温度时间不够等问题，将直接影响羽绒羽毛的后续安全卫生，如微生物、透明度、耗氧量不达标等。此外，如果分毛、拼堆过程中各成分控制不到位，则羽绒羽毛的含绒量、绒丝、羽丝、陆禽毛、损伤毛、长毛片、杂质、蓬松度等指标可能会达不到输入国（地区）标准要求。

目前羽绒羽毛的微生物检测标准主要是欧洲标准《羽绒羽毛微生物状态测定方法》（EN 1884—1998），判定标准主要为欧洲标准《羽毛和羽绒 卫生和清洁要求》（EN 12935—2001），主要是针对羽绒中嗜中温性需氧菌、粪链球菌、亚硫酸盐还原梭状芽孢杆菌以及沙门氏菌等4种指标菌的检测。《羽毛和羽绒 卫生和清洁要求》（EN 12935—2001）规定了羽绒中4种细菌的限量要求，同时规定了前提条件，即耗氧量超过20mg/100g时，需检测微生物；如果低于20mg/100g，则不需检测。其他发达国家（地区）如美国、日本、加拿大、澳大利亚等对羽绒羽毛微生物并无要求。大量日常检测数据表明，水洗羽绒羽毛耗氧量超过10mg/100g的情况极为少见，因此水洗羽绒羽毛嗜中温性需氧菌、粪链球菌、亚硫酸盐还原梭状芽孢杆菌以及沙门氏菌4种致病菌的生物安全风险极低。

耗氧量是反映羽绒羽毛含有微生物情况的一个定性指标。从上述微生物指标的分析来看，羽绒羽毛虽然携带有害微生物的风险极低，但是评判是否需要检测微生物的先决条件是羽绒羽毛的耗氧量。耗氧量越高，表明羽绒羽毛中含有微生物越多，因此耗氧量高低直接关系到羽绒羽毛的安全卫生。此外，反映羽绒羽毛清洗干净程度的透明度也是一个重点项目。日常出口检测中也时常会检出清洁度不达标的羽绒羽毛。若羽绒羽毛水洗清洗不彻底，夹带泥沙、杂质等，则透明度不达标。

（三）成品包装存放环节

羽绒羽毛如果包装不良，或存放时间过长，则会导致羽毛羽绒中自然残留的油脂发生生物变化，使得羽毛羽绒产生异味或降低透明度。

（四）存储运输环节

仓库如果不通风、不干燥，会使羽毛羽绒在潮湿闷热环境中变质，微生物含量增加。另外，水洗羽绒毛和原料羽毛无法做到分开储存，则易造成羽毛羽绒的二次污染，影响到羽毛羽绒的安全卫生，具有一定的生物安全风险。

（五）风险分析结果

根据羽绒羽毛产品特性和生产工艺，羽绒羽毛类产品的风险因子有：透明度、耗氧量、成分分析、禽流感、微生物、活拔绒。其中透明度、耗氧量为重点风险因子。对于未水洗羽绒羽毛，生物安全风险高，需要重点关注禽流感、新城疫等。对于水洗羽绒羽毛，生物安全风险低。

根据海关总署 2020 年发布的《进境非食用动物产品风险级别及检验检疫监管措施清单》，针对不同加工方式的羽绒羽毛确定了不同的风险级别，并采取不同的检验检疫监管措施。关于羽绒羽毛产品的具体内容见表 3-12。

表 3-12　进境毛类和纤维产品风险级别及检验检疫监管措施清单

类别	产品	风险级别	检验检疫监管措施
毛类和纤维	原毛、原绒、未水洗羽毛羽绒、未加工的动物鬃、尾	I 级	输出国家或地区监管体系评估，境外生产加工存放企业注册登记；进境前须办理《进境动植物检疫许可证》；进境时查验检疫证书并实施检验检疫；进境后在指定企业存放、加工并接受检验检疫监督
	洗净毛、绒，水洗羽毛羽绒，水洗马（鬃）尾毛，水煮猪鬃，羊毛落毛	III 级	输出国家或地区监管体系评估，境外生产加工存放企业注册登记；进境时查验检疫证书并实施检验检疫
	已脱脂或染色的装饰羽毛羽绒、炭化毛、已梳毛和毛条	IV 级	进境时实施检验检疫

三、羽毛羽绒类产品贸易相关的主要动物疫病

（一）高致病性禽流感

禽流感，可通过密切接触或者间接接触感染的水禽和其他野生鸟类进行传播，禽鸟类通过摄食被污染的材料可造成感染，该病也可经设备和人类活动进行传播。但是目前没有证据证明该病可以远距离通过空气传播。家禽可通过野生鸟类感染高致病性禽流感。越来越多的证据表明，低致病性病毒在家禽种群中的循环会突变成强毒株。禽流感病毒二次传播的最大威胁是通过感染性粪便的机械传播。对于禽类而言，粪-口途径是最重要的传播方式。禽流感病毒可感染禽类肠道，大量的病毒可通过粪便排出。目前已经证明禽流感病毒能够在鸭体内复制和排泄 30 天，在鸡体内为 36 天，在火鸡体内为 72 天。

在潮湿和凉爽的环境中，禽流感病毒的存活率增大。在冬季高致病性禽流感暴发并被扑灭后 105 天，还能够从粪便中分离到病毒，排泄物的传染性在 4℃ 条件下能保留 30~35 天，在 20℃ 条件下保留 7 天。通过污染物传播被认为是可能的。禽流感病毒可以存在于病毒感染期禽鸟类的皮肤（鸵鸟和鸸鹋皮）或被亚临床感染禽鸟类粪便污染的表皮。

高致病性禽流感病毒可以存在于受粪便污染的禽类皮和羽毛中，并且在 20℃ 时在粪便中可能存活 7 天。因此禽流感病毒在商品贸易中被认为存在潜在的危害。

（二）新城疫

感染新城疫病毒后，大量病毒可通过粪便排出，粪-口途径是主要的传播途径。新城疫病毒对外界环境的抵抗力较强，55℃ 作用 45 分钟和直射阳光下作用 30 分钟才被灭活。病毒在 4℃ 条件下存活数周，在 -20℃ 条件下存活数月或在 -70℃ 条件下存活数年，其感染力均不受影响。在新城疫暴发后 8 周内，仍可在鸡舍、蛋巢、蛋壳和羽毛中分离到病毒；禽舍仍然会保持污染长达数月。病毒可在冷冻状态下存活较长时间，能从冷冻 2 年之久的家禽尸体中分离到病毒；-20~-14℃ 条件下可在禽肉包装材料上存活 9 个月之久。新城疫病毒可以存在于病毒感染期鸟类的皮肤（鸵鸟和鸸鹋皮）或被亚临床感染鸟类粪便污染的表皮。

疫病暴发期间传播病毒的最大风险来自于人和设备的移动。新城疫病毒的其他传播方式包括：活禽的移动，包括野生鸟类、宠物/奇异鸟、猎鸟、赛鸽和商业家禽；家禽产品的移动；家禽饲料污染。

粪便污染可导致禽鸟类皮和羽毛被新城疫病毒污染，同时病毒在环境中相对稳定，因此新城疫病毒在商品贸易中被认为存在潜在的危害。

四、羽毛羽绒类产品的动物检疫风险

羽毛羽绒加工过程中，清洗洗脱、烘干、冷却等处理能够充分杀灭羽毛羽绒中可能携带的病原微生物，生物安全风险低，因此本部分仅针对未水洗羽毛羽绒。

对未水洗羽毛羽绒产品进行动物检疫风险识别的基础是 WOAH 须通报的动物疫病名录和《中华人民共和国进境动物检疫疫病名录》中列出的重要动物疫病。如果动物疫病符合下列条件之一，将被归为潜在危害，可能随进口未水洗羽毛羽绒传入我国，形成潜在的生物安全风险：属于外来动物疫病；在我国曾经发生，但是目前已经扑灭；我国存在该病，但是目前国内已制订扑灭计划。另外，如果动物疫病流行病学显示潜在危害存在于未水洗羽毛羽绒上，可能直接或间接传播给动物、人类或环境，则被认为是潜在危险。

根据 WOAH 须通报的动物疫病名录和《中华人民共和国进境动物检疫疫病名录》，共列出了需重点关注的 26 种禽疫病，目前我国均有分布；禽流感和新城疫被列入《国家动物疫病监测与流行病学调查计划（2021—2025 年）》。具体内容见表 3-13。

表 3-13　动物疫病风险识别表（禽疫病）

危害	疫病名称	中国分布	官方控制	释放传入的可能性	暴露扩散的可能性	是否潜在危害
病毒病	禽流感	N	N	N	N	N
	新城疫	N	N	N	N	N
	鸭病毒性肠炎	N	N	N	N	N
	鸡传染性喉气管炎	N	N	N	N	N

表3-13 续

危害	疫病名称	中国分布	官方控制	释放传入的可能性	暴露扩散的可能性	是否潜在危害
病毒病	鸡传染性支气管炎	N	N	N	N	N
	传染性法氏囊病	N	N	N	N	N
	马立克氏病	N	N	N	N	N
	鸡产蛋下降综合征	N	N	N	N	N
	禽白血病	N	N	N	N	N
	禽痘	N	N	N	N	N
	鸭病毒性肝炎	N	N	N	N	N
	鹅细小病毒感染	N	N	N	N	N
	禽网状内皮组织增殖病	N	N	N	N	N
	鸡病毒性关节炎	N	N	N	N	N
	火鸡鼻气管炎	N	N	N	N	N
	禽传染性脑脊髓炎	N	N	N	N	N
	禽肾炎	N	N	N	N	N
细菌病	鸡白痢	N	N	N	N	N
	禽伤寒	N	N	N	N	N
	禽副伤寒	N	N	N	N	N
	传染性鼻炎	N	N	N	N	N
	鸭疫李默氏杆菌	N	N	N	N	N
寄生虫	住白细胞原虫病	N	N	N	N	N
	鸡球虫病	N	N	N	N	N
螺旋体	禽螺旋体病	N	N	N	N	N
支原体	禽支原体病	N	N	N	N	N

注：N代表"无"或者"不是"。

通过对病原体是否在我国分布、官方是否有控制措施、病原体随进口羽毛羽绒释放传入的可能性以及病原体在环境中暴露扩散的可能性，进行定性风险分析。在风险识别的 26 种禽类疫病中，禽流感、新城疫、马立克氏病、禽痘、鸡白痢、禽伤寒和禽副伤寒 7 种疫病被认为是进口未水洗羽绒羽毛中具有潜在危害的动物疫病。

从病原存活力和未水洗羽绒羽毛加工过程对病原体活性的影响两方面，对上述 7 种具有潜在危害的疫病进行传入释放风险评估。病原体存活力和对处理环境的抵抗力越强，传入释放风险越高。从水洗羽绒羽毛厂的兽医卫生防疫条件和固体废弃物的处置两方面，对上述 7 种疫病进行暴露扩散风险评估。无论是与加工前的进口未水洗羽绒羽毛直接接触，还是与其在加工过程中产生的废弃物间接接触，都有暴露扩散的风险，最终导致病原体从处理厂扩散到外部环境。后果评估主要是评价生物危害发生后对经济、生态和国民健康造成的影响。在此风险分析中，如果释放评估认为有害生物或病原体是进口未水洗羽绒羽毛带来的潜在危害，才会对其进行后果评估。具体风险评估结果见表 3-14。

表 3-14 进口未水洗羽绒羽毛中潜在危害风险评估

疫病名称	传入释放风险	暴露扩散风险	潜在影响	风险等级
禽流感	中	高	高	高
新城疫	中	高	高	高
马立克氏病	高	中	低	低
禽痘	高	中	低	低
鸡白痢	高	低	低	低
禽伤寒	高	低	低	低
禽副伤寒	高	低	低	低

经过风险评估，禽流感和新城疫传入风险为"中"，扩散风险为"高"，风险等级均为"高"，一旦传入我国，将会对我国的经济、生态和国民健康造成严重影响，造成较为严重的生物安全风险。马立克氏病、禽痘、鸡白痢、禽伤寒和禽副伤寒 5 种动物疫病传入风险均为"高"，暴露

扩散风险为"中"或"低",风险等级均为"低"。因此,在进口未水洗羽绒羽毛的加工过程中,必须采取一定的生物安全防护措施。

第五节
蛋与蛋制品的生物安全风险

一、蛋与蛋制品国际贸易主要加工方式

根据《食品安全国家标准 蛋与蛋制品》(GB 2749—2015)关于品名规定,蛋与蛋制品主要包括鲜蛋和蛋制品。鲜蛋是指各种家禽生产的、未经加工或仅用冷藏法、液浸法、涂膜法、消毒法、气调法、干藏法等贮藏方法处理的带壳蛋。蛋制品包括液蛋制品、干蛋制品、冰蛋制品和再制蛋。其中,液蛋制品是指以鲜蛋为原料,经去壳、加工处理后制成的蛋制品,如全蛋液、蛋黄液、蛋白液等;干蛋制品是指以鲜蛋为原料,经去壳、加工处理、脱糖、干燥等工艺制成的蛋制品,如全蛋粉、蛋黄粉、蛋白粉等;冰蛋制品是指以鲜蛋为原料,经去壳、加工处理、冷冻等工艺制成的蛋制品,如冰全蛋、冰蛋黄、冰蛋白等;再制蛋是指以鲜蛋为原料,添加或不添加辅料,经盐、碱、糟、卤等不同工艺加工而成的蛋制品,如皮蛋、咸蛋、咸蛋黄、糟蛋、卤蛋等。

(一) 鲜蛋

由于鲜蛋在贮存中发生物理变化、化学变化、生理学变化以及生物化学变化、微生物学变化,促使蛋内容物的成分分解,质量降低,因此,在贮藏中要始终保持蛋质量的新鲜,就必须采用科学的贮藏方法根据鲜蛋本身的结构、成分和理化性质,设法闭塞蛋壳气孔,防止微生物进入蛋内;降低保藏温度,抑制蛋内酶的作用,并保持适宜的相对湿度和清洁卫生条件。这是鲜蛋贮藏的根本原则和基本要求。

1. 未经加工

各种家禽生产的鲜蛋,不经加工,直接用于人类消费。

2. 冷藏法

冷藏法的保藏原理是利用冷藏库中的低温（最低温度不低于−3.5℃）抑制微生物的生长繁殖和分解作用以及蛋内酶的作用，延缓鲜蛋内容物的变化，尤其是延缓浓厚蛋白的变稀（水样化）和降低重量损耗，以便能在较长时间内保持蛋质量的新鲜。将事先经过挑选的壳表干净的新鲜蛋放于2℃~3℃的温度下预冷，然后放入温度为0℃、相对湿度为80%~85%的贮藏室内，贮藏室要求干燥清洁、通风良好、无异味。此法一般可贮存5~6个月。

3. 液浸法

将生石灰加入水中，充分搅拌后，静置，使其形成饱和溶液，待温度降低到10℃以下时，将澄清液倒入存有鲜蛋的容器内，使溶液高于蛋面5~10厘米，放入库内。贮存室温度以5℃~8℃为宜。

4. 涂膜法

采用一种或几种涂料配成一定浓度后涂覆在蛋壳表面，闭塞住蛋壳表面上的气孔，可防止外界微生物由气孔侵入，同时又能防止水分蒸发而使鲜蛋减重。一般采用的涂布剂有石蜡、矿物油、凡士林等。

涂膜剂的涂布方法有浸渍法和喷淋法两种，大多采用喷淋法。鲜蛋经检验合格，浸渍或喷淋后自然晾干，便可装箱贮藏。如果与低温保藏手段相结合，保藏效果更优。采用液体石蜡涂膜保鲜，一般可贮存4个月。

5. 消毒法

又名巴氏杀菌贮藏法，先将鲜蛋放入特制的铁丝筐内，以每筐放蛋100~200个为最适宜，然后将筐内的蛋沉入95℃~100℃的热水中，浸泡5~7秒后立即取出，待蛋壳表面水分干燥，蛋温降低，即可进行贮存。

6. 气调法

把鲜蛋贮藏在高二氧化碳的气体环境中，从而减弱蛋内酶的活性，减缓代谢速度，抑制微生物生长，保持蛋的品质。

7. 干藏法

在容器内铺一层谷糠，放一层蛋。装满以后，每10天翻倒一次，每月检查一次，鲜蛋可以保持几个月不坏，但容器稻谷糠必须干燥清洁，贮存蛋的场所也要保持干燥、通风、凉爽。

（二）蛋制品

《食品安全国家标准 蛋与蛋制品》（GB 2749—2015）将蛋制品按照加工工艺不同分为液蛋制品、干蛋制品、冰蛋制品、再制蛋制品四类。

1. 液蛋制品

以鲜蛋为原料，经去壳、加工处理后制成的蛋制品，如全蛋液、蛋黄液、蛋白液等。

2. 干蛋制品

以鲜蛋为原料，经去壳、加工处理、脱糖、干燥等工艺制成的蛋制品，如全蛋粉、蛋黄粉、蛋白粉等。

3. 冰蛋制品

以鲜蛋为原料，经去壳、加工处理、冷冻等工艺制成的蛋制品，如冰全蛋、冰蛋黄、冰蛋白等。

4. 再制蛋

以鲜蛋为原料，添加或不添加辅料，经盐、碱、糟、卤等不同工艺加工而成的蛋制品，如皮蛋、咸蛋、咸蛋黄、糟蛋、卤蛋等。

二、蛋及蛋制品加工过程中的主要生物安全风险

（一）加工环节

在蛋与蛋制品的加工环节，存在禽流感病毒未灭活的风险。根据WOAH《陆生动物卫生法典》，灭活蛋及蛋制品中的禽流感病毒所需时间和工业标准温度详见表3-15。

表3-15　蛋与蛋制品中灭活禽流感病毒的参数表

蛋与蛋制品	核心温度 ℃	时间
全蛋	60	188s
全蛋混合物	60	188s
全蛋混合物	60.1	94s
液态蛋白	55.6	870s
液态蛋白	56.7	232s

表3-15 续

蛋与蛋制品	核心温度 ℃	时间
纯蛋黄	60	288s
10%咸蛋黄	62.2	138s
干蛋白	67	20h
干蛋白	54.4	50.4h
干蛋白	51.7	73.2h

上述温度可指示达到7-log范围的杀灭效果。科学文献显示,只要能够实现灭活病毒的效果,与以上时间和温度不同的方案也是可以的。

灭活蛋及蛋制品中的新城疫病毒所需时间和工业标准温度详见表3-16。

表3-16 蛋与蛋制品中灭活新城疫病毒的参数表

蛋与蛋制品	核心温度 ℃	时间
全蛋	55	2521s
全蛋	57	1596s
全蛋	59	674s
液态蛋白	55	2278s
液态蛋白	57	986s
液态蛋白	59	301s
10%咸蛋黄	55	176s
干蛋白	57	50.4h

另外,如果鲜蛋没有经过有效的消毒清洁和涂膜处理,其表面通常带有大量的细菌,大大提高了被沙门氏菌感染、繁殖和传播的风险。为防止污染事件的发生,应制定蛋与蛋制品加工过程中沙门氏菌监控要求。在制订监控计划时应考虑沙门氏菌的生态学特征等因素。沙门氏菌在干燥环境中极少被发现,应制订监控计划来预防沙门氏菌的侵入。当终产品中检出

致病菌数量增加时，应加强取样和调查取样，以确定污染源。

（二）成品包装存放环节

蛋与蛋制品如果包装不良，或存放时间过长，就会导致产品变质，引起微生物含量增加的风险。

（三）存储运输环节

在流通过程中，卫生条件不合格的贮存环境也容易导致鸡蛋的沙门氏菌污染。仓库如果不通风、不够干燥，会使蛋与蛋制品在潮湿闷热环境中变质，微生物含量增加。对于出口鲜蛋，则取决于运送时的气温和路途的远近，在炎夏或严冬季节和运输路途较长，中途气温变化较大的情况下，要求利用有保温设备的冷藏车或冷藏船运送（最低温不应低于 $-3.5℃$），以便延缓蛋内的生化变化和抑制微生物的活动，从而有效地抑制鲜蛋在运输过程中发生腐败变质，维持蛋的质量始终正常，达到安全运输的目的。

（四）风险分析结果

根据蛋与蛋制品特性和生产工艺，蛋与蛋制品的风险因子有：色泽、气味、状态、污染物、农药残留、兽药残留、微生物、食品添加剂、营养强化剂、禽流感。其中禽流感、微生物（沙门氏菌）为重点风险因子。对鲜蛋生物安全风险高，需要重点关注禽流感、微生物。蛋制品生物安全风险低。

三、蛋与蛋制品相关动物疫病及贸易风险

（一）高致病性禽流感

家禽中高致病性 H5N1 禽流感的持续暴发已引起人们对感染源和各种暴露对人类带来危险的关注。根据现有证据，绝大多数人类病例在直接接触受感染活禽或死禽后导致感染。高致病性禽流感病毒可在受感染禽鸟产下禽蛋的内部和表面发现。虽然病禽鸟通常停止产蛋，但是在疫病早期阶段产下的蛋有在蛋白和蛋黄以及蛋壳表面发现病毒。此外，一些禽鸟物种，例如家鸭，可能携带该病毒而不表现症状。一些接种疫苗的家禽也可受到感染而不表现症状。这些病毒可能附着于蛋表面的粪便中，存活时间很长，能在蛋的储存期限内或在销售和流通期间广泛传播。

由于近几年全球各地时有禽流感疫情暴发，蛋与蛋制品携带禽流感病

毒的风险也一直被各国（地区）主管部门所关注。根据 WOAH《陆生动物卫生法典》规定，关于从无禽流感国家、地区或生物安全隔离区进口食用禽蛋的建议为：兽医主管部门应要求出示国际兽医证书，证明：

1. 禽蛋产自并包装于无禽流感国家、地区或生物安全隔离区；

2. 运输时使用新的或适宜的消毒包装材料。

关于从无高致病性禽流感感染国家、地区或生物安全隔离区进口食用禽蛋的建议为：兽医主管部门应要求出示国际兽医证书，证明这些食用禽蛋：

1. 产自并包装于无高致病性禽流感国家、地区或生物安全隔离区；

2. 对种蛋进行表面消毒；

3. 运输时使用新的或适宜的消毒包装材料。

关于进口禽蛋制品的建议为：无论原产国（地区）的禽流感状态如何，兽医主管部门应要求出示国际兽医证书，证明：

1. 这些禽蛋制品源自符合 WOAH《陆生动物卫生法典》第 10.4.13 条或第 10.4.14 条规定的禽蛋；

2. 这些禽蛋制品按照 WOAH《陆生动物卫生法典》第 10.4.25 条提出的方法进行加工，以确保禽流感病毒被灭活；

3. 应采取相应措施，以防止加工后接触任何可能带有禽流感病毒的物品。

WOAH 认为，禽流感的影响及流行病学在世界不同地区差异很大，不可能提供适用于所有情况的具体指南。因此，禽流感监测策略应因地制宜，并具有可接受的置信水平。家禽与野禽的接触频率、生物安全水平、生产体系和不同易感禽（包括家养水禽）混合饲养状况等，不同地区间均有差异，因此监测策略需适应当地实际情况。成员方有义务提供科学数据，说明有关地区禽流感流行病学状况，并说明如何进行风险管理。禽流感监测应为一个持续性的监测计划，监测方案的设计应可证明申报国家、地区或生物安全隔离区的无禽流感病毒感染状态。

禽流感监测体系应：

（1）包括一个贯穿生产、销售和加工产业链的早期预警系统，以便报告疑似病例。日常接触家禽的农场主、工人和诊断人员应及时向兽医主管部门报告任何禽流感疑似病例，他们应得到政府信息收集部门和兽医主管部门的直接和间接支持（如通过私营从业兽医或兽医辅助人员）。监测人员须立即对所有禽流感疑似病例进行调查，如果疑似病例无法通过流行病学和临诊症状确诊，应采集样本送交实验室进行检测。为此，监测人员需配备采样工具箱和其他设备，并应能得到具有禽流感诊断和控制技能的专家团队的协助。如对公共卫生存在潜在危害，必须向公共卫生有关主管部门通报。

（2）必要时，需对高风险动物群频繁实施常规临诊检查、血清学和病毒学检测，如毗邻禽流感疫区的国家或地区、不同来源的禽类和家禽混养的地方，如活禽市场、水禽附近或其他潜在 A 型流感病毒来源地邻近的家禽。

有效的监测体系应可定期对疑似病例进行鉴定，并对疑似病例进行追踪和调查，以确定或排除禽流感病毒感染。疑似病例发生概率因不同流行病学状况而异，因此无法可靠预测。申请无禽流感感染状态认证时，成员需提供关于疑似病例发生情况、调查和处理方法等细节，包括实验室检测结果和在调查期间对相关动物采取的控制措施（如隔离检疫、禁止运输等）。

（二）新城疫

根据 WOAH 关于从无新城疫国家、地区或生物安全隔离区进口的建议，对于供人类消费的禽蛋，兽医主管部门应要求出示国际兽医证书，证明：

1. 禽蛋的生产和包装在无新城疫的国家、地区或生物安全隔离区进行；

2. 禽蛋被装在新的或适当清洁的包装材料中运输。

关于进口家禽蛋制品的建议为：无论来源国（地区）新城疫状态如何，兽医主管部门应要求出示国际兽医证书，证明：

1. 蛋制品来源于符合 WOAH《陆生动物卫生法典》第 10.9.10 条卫生要求的禽蛋；

2. 蛋制品的加工过程能够按照 WOAH《陆生动物卫生法典》第 10.9.20 条的要求杀灭新城疫病毒；

3. 采取了必要预防措施，避免蛋制品接触任何新城疫病毒源。

新城疫监测方案应：

（1）包括一个贯穿整个生产、销售和加工产业链的早期预警系统，以便报告疑似病例。日常接触家禽的农场主、工人和诊断人员应及时向兽医主管部门报告任何新城疫疑似病例，他们应可得到政府信息收集部门和兽医主管部门的直接和间接支持（如通过私营从业兽医或兽医辅助人员）。应对所有新城疫疑似病例立即开展调查，疑似病例的调查不能单靠流行病学和临诊调查，还应采样送交实验室进行检测。这需要为监测人员提供采样工具箱和其他设备，同时监测人员应能得到具有新城疫诊断和控制技能的专家团队的支持。

（2）若适用，应对目标群体中的高风险禽群频繁实施常规临诊检查、病毒学和血清学检测（目标群体禽群指与新城疫感染国家、地区或生物安全隔离区相邻、与不同来源的鸟和家禽混养或新城疫病毒的其他来源地邻近的家禽）。有效的监测体系可鉴别需要进行追踪调查的疑似病例，通过追踪调查确定或排除是否为新城疫病毒感染。疑似病例的发生率因不同的流行病学情况而异，因此无法可靠预测。因此，申请无新城疫病毒感染时，成员方需提供有关可疑病例发生情况以及如何进行调查和处理的详细资料，这些材料应包括实验室检测结果以及在调查期间对相关动物采取的控制措施（隔离检疫、移动限制令等）。

任何监测方案都需要来自本领域有能力和有经验的专业人员参与，并应有详尽备案。在设计证明没有新城疫病毒感染或传播的监测计划时，需要切实地遵守这些原则，避免产生可信度不高或成本过高、实际操作过于复杂等问题。如成员方申请认证其国家、地区或生物安全隔离区无新城疫病毒感染，其发病和感染监测目标禽群应能代表该国家、地区或生物安全隔离区内的所有禽类。为了准确反映家禽新城疫情况，应同时采用多种方法进行监测，包括主动监测和被动监测。主动监测的频率应符合该国（地区）的疫病状况。成员方应根据当地流行病学状况，采用临诊、病毒学和血清学方法，对新城疫进行随机监测或目标监测。如果使用其他替代试验，应按照 WOAH 标准进行验证。成员方应证明所选择的监测方案是适当的，能够按照 WOAH《陆生动物卫生法典》第 1.4 章的要求和流行病学状况检测新城疫病毒感染。

调查检测的样本量应具有统计学意义，在预先确定的目标流行率下可检测出感染。调查结果的可信度取决于样本量和预期流行率。调查方案的设计和采样频率应根据当地以往和当前的流行病学状况确定。成员方应根据调查目的和流行病学状况，合理选择符合 WOAH《陆生动物卫生法典》第 1.4 章要求的监测方案和置信水平。可选择目标监测（如根据群体中新城疫感染概率上升而制定的）策略。

例如，对可能表现出明显临诊症状的特定物种（如未免疫接种鸡）采用目标性临诊监测的方法更为合理。对新城疫发病后临诊表现不明显（第 10.9.2 条）和没有进行常规免疫接种（如鸭）的特定物种，监测常采用病毒学和血清学方法。另外，监测目标也可针对具有特定风险的禽群，如直接或间接与野禽接触的禽、混龄禽类、包括活禽市场在内的地方性交易方式、多品种混养的场地、生物安保水平低的养殖场禽类等。在已证实野禽对当地新城疫流行起重要作用的地方，野禽监测具有重要意义。该监测工作可提醒兽医机构，家禽（特别是自由放养的家禽）可能有暴露风险。

诊断方法的敏感性和特异性是设计调查方案的关键因素，设计时应考虑到出现假阳性和假阴性反应的可能。理想情况是，所用诊断方法的特异性和敏感性经过了免疫接种和感染历史及目标群体中不同品种的验证。如果已知检测系统的特性，就可以提前计算出假阴性、假阳性反应的出现概率。这时需要制定一个有效的追踪调查阳性结果的程序，以便最终能以较高的置信水平确定是否存在新城疫感染，这包括补充实验和后续调查，需要从初始采样地点及有流行病学联系的禽群中收集诊断样本。主动和被动监测结果对于提供一个国家、地区或生物安全隔离区不存在新城疫病毒感染的可靠证据很重要。

（三）沙门氏菌

蛋与蛋制品还存在携带沙门氏菌的风险。沙门氏菌病是世界上最常见的食源性细菌病之一。人类感染沙门氏菌大多源自食物，且多由肠炎沙门氏菌和鼠伤寒沙门氏菌引起。在不同地区，沙门氏菌的血清型和流行率会有很大差异。因此，应监测并确认不同地区人类与家禽中流行的沙门氏菌血清型，以便制订有针对性的区域控制计划。沙门氏菌可造成大多数可食用动物隐性感染，持续时间长短不一，从而构成重大人畜共患病隐患。此类动物可造成感染在禽群间扩散。隐性感染动物的肉、蛋或制品如进入食物链，就会污染食物，造成人类食源性感染。

沙门氏菌不但危害畜禽，还可以由畜禽传染给人，蛋与蛋制品作为沙门氏菌的重要携带者，在由沙门氏菌引起的食物安全事件中起着重要的作用，因此应监控蛋与蛋制品加工过程中的沙门氏菌，以便确认卫生控制程序是否有效，出现偏差时生产企业应采取纠正措施。随着公众对人类健康的关注持续上升，沙门氏菌肠炎（SE）已成为一个被持续关注和争论的焦点。SE 是一种食物源性沙门氏菌病，引起 SE 的主要血清型是副伤寒沙门氏菌，这种疫病通过鸡肉和鸡蛋传染。由于由蛋引起的人类 SE 发病率上升，大众的关注程度持续增加。

鸡蛋壳内外所带的微生物来源有两个途径：①自身环境。母鸡患病，使生殖器官带菌；同时病鸡生殖器官的杀菌作用（如吞噬反应、输卵管蠕动机械地排出微生物等）减弱，来自肠道或肛门中的微生物可以侵入输卵管，最后污染鸡蛋。②外界环境。鸡蛋经过泄殖腔排出体外受粪便污染；排出体外后，由于贮存、运输、销售等环境不卫生受到微生物污染，或温湿度过高，有利于微生物侵入。鸡蛋虽然对微生物的侵入有一定自卫能力（如外蛋壳膜封闭气孔可防止微生物侵入、蛋白膜致密也可阻止微生物侵入、蛋白和系带内的溶菌酶有杀菌作用），但随着贮存时间延长，贮存温度变化，这种能力逐渐减弱（如外蛋壳膜消失、蛋白膜被酶溶解、溶菌酶逐渐减少等），最后有害微生物侵入蛋内并得以繁殖，产生毒素，引起腐败变质。流行病学研究表明，在美国，人类食用 A 级全蛋和 SE 感染之间存在联系。这对禽蛋业产生极大的负面影响。在英国，如果发现有感染 SE 的蛋销售，蛋的消费将面临毁灭性打击。尽管美国还没有出现这种情况，但要求生产商对蛋产品进行严格的安全检查并采取措施以提高对 SE 的控制是非常重要的。

如风险评估显示有充分理由开展卫生监测，则应启动监测以确定感染禽群，并采取措施降低沙门氏菌家禽患病率及传染给人类的风险。应由兽医机构根据风险评估来确定采样方法、频率和类型。相对血清学检测，应优先选择使用微生物学检测，因其肉鸡检测敏感度更高，种禽和蛋禽检测特异性也较高。在禽沙门氏菌和人类沙门氏菌病监控计划的范畴内，可能需要进行验证测试，以排除假阳性或假阴性结果。

采样时间和频率方面，对于生产供人食用禽蛋的禽群：

（1）蛋禽雏群

①如种禽或孵化场的禽群卫生状况未知或不符合要求，应在雏禽孵化

后一周内进行采样。

②在家禽进入另一禽舍前4周内进行采样；如家禽处于生产期并将留在同一禽舍，应在开始生产前进行采样。

③如养禽场制定了淘汰政策，应在家禽生长过程中进行一次或多次补充检测。检测频率应从商业角度决定。

（2）蛋禽群

①在每个生产周期的预期产蛋高峰期进行检测（即在产蛋周期内，该群产蛋量最高的时间段）。

②如养禽场制定了淘汰政策或曾对禽蛋进行病原体灭活处理，应进行一次或多次补充检测。最低检测频率应由兽医机构决定。

根据《食品安全国家标准 蛋与蛋制品生产卫生规范》（GB 21710-2016）规定的"蛋与蛋制品加工过程中沙门氏菌监控程序指南"，沙门氏菌不但危害畜禽，而且还可以由畜禽传染给人使人发病，蛋与蛋制品作为沙门氏菌的重要携带者，在由沙门氏菌引起的食物安全事件中起着重要的作用，因此应监控蛋与蛋制品加工过程中的沙门氏菌，以便确认卫生控制程序是否有效，出现偏差时生产企业应采取纠正措施。通过持续监控，获得卫生情况的基础数据，并跟踪趋势的变化。

为防止污染事件的发生，应制定蛋与蛋制品加工过程中沙门氏菌监控要求。监控要求可作为一种食品安全管理工具，用来对清洁作业区卫生状况实施评估，并作为危害分析与关键控制点（HACCP）的基础程序。在制订监控计划时应考虑沙门氏菌的生态学特征等因素。沙门氏菌在干燥环境中极少被发现，但还应制订监控计划来预防沙门氏菌的侵入，评估生产过程中卫生控制措施的有效性，指导有关人员在检出沙门氏菌的情况下防止其进一步扩散。

应根据产品特点来确定取样方案的需求和范围。监控的重点应放在微生物容易藏匿滋生的区域，应特别关注与原料蛋接近的且容易发生污染的区域，应优先监控已知或可能存在污染的区域。样本数量应随着工艺和生产线的复杂程度而变化。取样点应为微生物可能藏匿或进入而导致污染的地方。可以根据有关文献资料确定取样点，也可以根据经验和专业知识或者工厂污染调查中收集的历史数据确定取样点。取样计划应全面，且具有代表性，应考虑在不同类型生产班次以及这些班次内的不同时间段进行科学合理取样。为验证清洁措施的效果，应在开机生产前取样。

应根据检测结果和污染风险严重程度来调整环境监控要求实施的频率。当终产品中检出致病菌数量增加时，应加强取样和调查取样，以确定污染源。当污染风险增加时（比如进行维护、施工、引入新的供应商或湿清洁之后），也应适当增加取样频率。应根据表面类型和取样地点来选择取样工具和方法，如刮取表面残留物或直接作为样本，对于较大的表面，采用海绵（或棉签）进行擦拭取样。分析方法应能够有效检出目标微生物，具有可接受的灵敏度，并有相关记录。在确保灵敏度的前提下，可以将多个样品混在一起检测。如果检出阳性结果，应进一步确定阳性样本的位置。

监控要求应包括数据记录和评估系统，对数据进行持续的评估，以便对监控要求进行适当修改和调整。监控要求的目的是发现环境中是否存在目标微生物。在制定监控要求前，应制定接受标准和应对措施。监控要求应规定具体的行动措施并阐明相应原因。相关措施包括：不采取行动（没有污染风险）、加强清洁、污染源追踪（增加环境测试）、评估卫生措施、扣留和测试产品等。生产企业应制定检出沙门氏菌后的行动措施，以便在出现超标时准确应对。对卫生程序和控制措施应进行评估。当检出沙门氏菌时应立即采取纠偏行动，具体采取哪种行动取决于产品被沙门氏菌污染的可能性。

四、蛋与蛋制品的动物检疫风险

由于蛋制品加工过程中，杀菌消毒处理能够充分杀灭蛋制品中可能携带的病原微生物，生物安全风险低，因此本部分仅针对鲜蛋。

对蛋与蛋制品进行动物检疫风险识别的基础是 WOAH 须通报的动物疫病名录和《中华人民共和国进境动物检疫疫病名录》中列出的重要动物疫病。如果动物疫病符合下列条件之一，将被归为潜在危害，可能随进口鲜蛋传入我国，形成潜在的生物安全风险：属于外来动物疫病；在我国曾经发生，但是目前已经扑灭；我国存在该病，但是目前国内已制定扑灭计划。另外，如果动物疫病流行病学显示潜在危害存在于鲜蛋上，可能直接或间接传播给动物、人类或环境，则被认为潜在危险。

根据 WOAH 须通报的动物疫病名录和《中华人民共和国进境动物检疫疫病名录》，共列出了需重点关注的 28 种禽疫病，目前我国均有分布；禽流感和新城疫被列入《国家动物疫病监测与流行病学调查计划（2021—2025年）》。具体内容见表3-17。

表3-17 动物疫病风险识别表（禽疫病）

危害	疫病名称	中国分布	官方控制	释放传入的可能性	暴露扩散的可能性	是否潜在危害
病毒病	禽流感	N	N	N	N	N
	新城疫	N	N	N	N	N
	鸭病毒性肠炎	N	N	N	N	N
	鸡传染性喉气管炎	N	N	N	N	N
	鸡传染性支气管炎	N	N	N	N	N
	传染性法氏囊病	N	N	N	N	N
	马立克氏病	N	N	N	N	N
	鸡产蛋下降综合征	N	N	N	N	N
	禽白血病	N	N	N	N	N
	禽痘	N	N	N	N	N
	鸭病毒性肝炎	N	N	N	N	N
	鹅细小病毒感染	N	N	N	N	N
	禽网状内皮组织增殖病	N	N	N	N	N
	鸡病毒性关节炎	N	N	N	N	N
	火鸡鼻气管炎	N	N	N	N	N
	禽传染性脑脊髓炎	N	N	N	N	N
	禽肾炎	N	N	N	N	N
细菌病	鸡白痢	N	N	N	N	N
	禽伤寒	N	N	N	N	N
	禽副伤寒	N	N	N	N	N
	传染性鼻炎	N	N	N	N	N
	鸭疫李默氏杆菌	N	N	N	N	N
寄生虫	住白细胞原虫病	N	N	N	N	N
	鸡球虫病	N	N	N	N	N

表3-17 续

危害	疫病名称	中国分布	官方控制	释放传入的可能性	暴露扩散的可能性	是否潜在危害
螺旋体	禽螺旋体病	N	N	N	N	N
支原体	禽支原体病	N	N	N	N	N

注：N 代表"无"或者"不是"。

通过对病原体是否在中国分布、官方是否有控制措施、病原体随进口鲜蛋释放传入的可能性以及病原体在环境中暴露扩散的可能性进行定性风险分析，风险识别的 28 种禽病中，禽流感、新城疫、马立克氏病、禽痘、鸡白痢、禽伤寒和禽副伤寒 7 种疫病被认为是进口鲜蛋中具有潜在危害的动物疫病。

从病原存活力和鲜蛋加工过程对病原体活性的影响两方面对上述 7 种具有潜在危害的疫病进行传入释放风险评估，病原体存活力和对处理环境的抵抗力越强，传入释放风险越高。从鲜蛋加工企业的兽医卫生防疫条件和固体废弃物的处置两方面对上述 7 种疫病进行暴露扩散风险评估，无论是与加工前的进口鲜蛋直接接触，还是与其在加工过程中产生的废弃物间接接触，都有暴露扩散的风险，最终导致病原体从处理厂扩散到外部环境。后果评估主要是评价生物危害发生后对经济、生态和国民健康造成的影响。在此风险分析中，如果释放评估认为有害生物或病原体是进口鲜蛋带来的潜在危害，才会对其进行后果评估。具体风险评估结果见表3-18。

表 3-18 进口蛋与蛋制品中潜在危害风险评估

疫病名称	传入释放风险	暴露扩散风险	潜在影响	风险等级
禽流感	中	高	高	高
新城疫	中	高	高	高
马立克氏病	高	中	低	低
禽痘	高	中	低	低
鸡白痢	高	低	低	低
禽伤寒	高	低	低	低
禽副伤寒	高	低	低	低

经过风险评估，禽流感和新城疫具有中等传入风险、较高扩散风险，风险等级均为高，给中国带来较高的风险，一旦传入，将会对中国的经济、生态和国民健康造成严重影响，造成较为严重的生物安全风险；马立克氏病、禽痘、鸡白痢、禽伤寒和禽副伤寒5种动物疫病传入风险高，暴露扩散风险为中或低，风险等级低。因此，在进口鲜蛋加工过程中，必须采取一定的防护措施。

五、危害分析和关键控制点（HACCP）

当今困扰我国蛋品发展的主要问题包括疫病疫情以及农兽药残留、重金属、微生物（沙门氏菌等）的污染，随着我国人民生活水平的不断提高，蛋品生产和蛋品工业的发展必须解决禽蛋质量安全、产品深加工和扩大出口贸易等关键因素。为规范蛋品生产和加工，保证蛋品的安全和卫生，美国、加拿大、欧洲等发达国家和地区已相继制定了相应的法规和规章，将HACCP体系导入了蛋及蛋制品加工行业。

以巴氏杀菌液体蛋生产为例，该类产品是禽蛋打蛋去壳后，将蛋液经一定处理后包装冷藏代替鲜蛋消费的产品。通过对巴氏杀菌液体蛋类从鲜蛋验收到成品分销的全过程危害分析，即识别各加工步骤中被引入、控制或增加的潜在危害，包括生物的、化学的和物理的危害，根据其发生的可能性和严重性确定潜在危害是否为显著危害，从而成为HACCP控制的重点，然后确定控制措施来预防、消除所识别的安全危害或使它降到可接受水平，最终确定关键控制点（CCP），列入HACCP计划。

对巴氏杀菌液体蛋类产品，其确定的显著危害主要包括：①蛋鸡养殖过程中使用药物或饲料不当以及受细菌病毒感染，原料鲜蛋中引入的化学性危害——农兽药残留、重金属，以及生物性危害——沙门氏菌、禽流感、新城疫病毒等；②过滤步骤过滤装置损坏，可能产生蛋壳残留进入产品，对消费者造成伤害的物理性危害。③巴氏杀菌步骤杀菌条件控制不良，可导致产品中存在生物性危害——致病菌（主要目标菌沙门氏菌）残存。

针对确定的显著危害，可采取的控制措施包括：①原料鲜蛋验收步骤：鲜蛋须来自经海关备案的蛋鸡养殖场，加工企业按照制定的原料蛋验收标准验收。②过滤步骤：生产前后检查过滤装置（滤网）的完好性。③

巴氏杀菌工序：根据产品类型，严格控制杀菌条件（杀菌温度和时间）。最终确定原料鲜蛋验收、过滤、巴氏杀菌三个加工步骤为关键控制点（CCP）。

在科学的基础上，对确立的关键控制点建立关键限值，确保有效控制已识别的显著危害。①原料鲜蛋必须来自持续符合备案要求的蛋禽养殖场，并按验收标准实施验收。②过滤工序的滤网孔径为 0.2mm 和 0.4mm，符合国际食品法典委员会（CAC）对食品中异物（物理性危害）的控制要求（Fe≤Φ1.5mm，SuS≤Φ2.5mm）。③某公司巴氏杀菌工序 CL 值为：全蛋液杀菌温度≥60℃，保温≥3.5 分钟；蛋黄液温度≥61.1℃，保温≥7 分钟；蛋白液温度≥56.7℃，保温≥3.5 分钟，与美国液体蛋巴氏杀菌条件（全蛋液杀菌温度≥60.0℃，杀菌时间≥3.5 分钟；蛋白液温度≥56.7℃，杀菌时间≥1.75 分钟；蛋黄液温度≥60.0℃，杀菌时间≥3.1 分钟）等同。

在进行危害分析、确定关键控制点、建立关键限值的基础上，建立各 CCP 点的监控程序、纠正措施、验证程序和记录保持程序，最终制订 HACCP 计划。将 HACCP 应用在巴氏杀菌液体蛋的生产中，通过危害分析、确定预防性控制措施，可有效地预防、消除所识别的安全危害或使其降到可接受水平，保障产品的安全。

HACCP 不是一个独立的程序，它建立在牢固地遵守现行的良好操作规范（GMP）和可接受的卫生标准操作程序（SSOP）的基础上，GMP 和 SSOP 是 HACCP 体系有效实施的前提条件。GMP 是对食品企业生产条件、生产工艺、生产行为和卫生管理提出的规范性要求，而 HACCP 则是动态的食品卫生管理方法；GMP 要求是硬性的、固定的，而 HACCP 是灵活的、可调的；有了 SSOP，HACCP 就会更有效，因为它可以更好地把重点集中在与食品或加工有关的危害上。对 CCP 点的控制措施是建立在工厂良好操作规范（GMP）和卫生标准操作程序（SSOP）基础上的，通过相关加工环节的微生物验证检测来证明建立和有效运行 GMP 和 SSOP 可控制生产、储藏过程中的清洁卫生，并在这前提条件下，通过上述 3 个 CCP 点（鲜蛋验收、过滤、巴氏杀菌）来控制产品生产加工过程中的显著危害，最终保障巴氏杀菌液体蛋制品的安全卫生。

六、家禽生产生物安全保护程序

WOAH《陆生动物卫生法典》第6.5章对家禽生产的生物安全保护程序进行了规定。家禽的传染性病原体对禽类构成威胁，有时也会对人类卫生构成威胁，并造成重大的社会及经济影响。在家禽生产中，特别是在集约化生产条件下，预防是控制传染性病原体最可行和最经济的方法。实施生物安保程序应以防止传染性病原体传入家禽生产链并在其中扩散为目标。加强生物安保应采用良好农业规范及危害分析与关键控制点（HACCP）体系原则。

1. 关于家禽养殖场选址及建设的建议

（1）适用于所有养殖场（家禽养殖场及孵化场）的措施

①建议选择地理位置相对偏僻的适当地点。应考虑的因素包括其他禽畜养殖场的地点、野禽聚集区、与公路的距离等。

②家禽养殖场应建有适当的污水排放系统。养殖场内的水流或未经处理的废水不应排到水禽栖息地。

③设计和建造禽舍及孵化场时，应尽量选用光滑的防渗透材料，保证有效进行清洁及消毒。禽舍及孵化场四周邻近区域应尽量铺设便于清洁及消毒的混凝土或其他防渗透材料。

④养殖场四周应设立安全护栏，以防止其他动物及无关人员入内。

⑤养殖场入口处应张贴"未经许可严禁入内"的警示牌。

（2）针对家禽养殖场的补充措施

①养殖场应仅以单一生产类型养殖单一品种。设计时应考虑到同日龄群"全进全出"的原则。如不可行，养殖场应设计成可对每个禽群按独立流行病学单元进行管理的模式。

②禽舍及用于储存饲料、禽蛋或其他物品的场所应可防止野禽、啮齿及节肢动物进入。

③如可行，应采用混凝土或其他防渗透材料建造禽舍地面，以便于有效清洁及消毒。

④如可行，应将饲料从安全护栏外运往养殖场。

2. 适用于家禽养殖场的操作建议

（1）适用于所有养殖场（家禽养殖场及孵化场）的措施

①所有养殖场均需备有一份书面《生物安保计划》。养殖场工作人员应接受与家禽生产相关的生物安保基本培训，并了解生物安保对动物卫生、人类卫生及食品安全的影响及意义。

②家禽生产链中的相关工作人员之间应保持良好沟通，以保障采取适当措施，尽量限制传染性病原输入与扩散。

③家禽生产链上的所有环节均应可追溯。

④应以单个禽群为单位进行记录，内容应包括家禽卫生状况、生产情况、药物治疗、免疫接种、死亡率、监测数据等，孵化场数据应包括繁殖率、孵化率、免疫接种、治疗信息等，还应记录禽舍、孵化房及相关设备的清洁与消毒情况。进行实地检查的检查人员应可以查看这些记录。

⑤应在兽医监督下持续监测养殖场家禽的卫生情况。

⑥为避免耐药性的产生，抗微生物制剂的使用应按照兽医机构和生产商的说明，以及本法典第 6.8 章、第 6.9 章、第 6.10 章和第 6.11 章的相关指导。

⑦养殖场应清除所有会吸引或隐匿有害动物的植物及废弃物。

⑧应采取措施防止野禽入场、入舍，并控制啮齿类、节肢类等有害动物。

⑨应控制出入养殖场的人员和车辆，未经允许不得入内。

⑩所有进入养殖场的工作人员及来访者均须遵守生物安保程序。建议在进入养殖场前，应先沐浴并更换养殖场提供的干净衣裤及工作鞋。如无法做到，养殖场应提供干净外衣（如连裤工作服、罩衫、头罩、工作鞋等）。应对所有进入养殖场的来访者和车辆进行登记。

⑪进入养殖场的工作人员及来访者近期内不得接触其他家禽、家禽废弃物或家禽加工厂。此期限的长短应根据病原传播风险而定。这取决于家禽生产目的、生物安保程序、感染状况等因素。

⑫应按照《生物安保计划》消毒清洁任何进入养殖场的车辆。装运每批禽蛋或家禽前，应先消毒清洁运输车辆。

（2）针对家禽养殖场的附加措施

①只要可行，就应遵循同日龄群"全进全出"原则。如不可行，或在同一养殖场内同时饲养多个禽群，就应将每个禽群按独立的流行病学单元进行管理。

②所有进入禽舍的工作人员及来访者均应使用肥皂或消毒液清洁双手。所有入舍人员应更换工作鞋，使用鞋靴清洁喷雾器或进行消毒足浴。足浴池中的消毒液应按生产厂商的建议定期更换，以保证其功效。

③所有设备在进入禽舍前必须先经过清洁和消毒。

④除品种和年龄适合养殖场需要的家禽外，不应允许其他动物进入禽舍及养殖场内的其他场所，如储存饲料、禽蛋或其他材料的仓库等。

⑤禽舍用水应为可饮用水，且符合世界卫生组织或相关地区标准的要求。如怀疑用水受到污染，无论何种理由，均应监测其微生物学质量。在禽舍空舍期，应对禽舍供水系统进行清洁与消毒。

⑥为禽舍补栏而引入的家禽最好应源自无垂直传播病原的种禽群或孵化场。

⑦建议使用经过热处理的饲料，有无经过杀菌或抑菌处理（如添加有机酸）均可。如无法进行热处理，则建议进行杀菌或抑菌处理。应妥善储存饲料，防止野禽及啮齿动物接触到饲料。应立即收集散落的饲料，以避免吸引野禽及啮齿类动物。应避免在不同禽群间混用同批饲料。

⑧禽舍垫料应保持干燥且状况良好。

⑨应尽快将死禽从禽舍移走，至少每天清理一次。应以安全有效的方式处理死禽。

⑩捕捉禽的人员应经过相关操作培训及生物安保基本措施培训。

⑪在运输过程中，为尽量避免出现应激情况，应使用通风良好的箱笼，且笼内家禽密度不宜过高。应避免将箱笼置于极端温度下。

⑫每次使用后，应清洁并消毒箱笼，或以安全的方式予以销毁。

⑬每次禽舍清群后，应清除舍内所有粪便及垫料并以安全的方式予以销毁，以保证将病原的传播风险降至最低。如不更换垫料，则应对垫料进行处理，尽可能地避免把病原传播给下一批禽群。在清理出禽粪及垫料后，应按本法典第4.14章的要求对禽舍及设备进行清洁与消毒。

⑭对于可在室外放养的禽群，其饲槽、饲料及其他可吸引野禽的物品应置于室内。不应让家禽接近污染源，如生活垃圾、垫料存储地、其他动物、死水及水质未知的水等。家禽筑巢区应位于禽舍内。

（3）根据疫病流行病学原理、风险评估结果、疫苗供应情况及公共与动物卫生政策，进行免疫接种，将传染源扩散的风险降至最低。使用疫苗时，应遵照兽医机构的指示及生产企业的使用说明。如适用，还应遵守WOAH《陆生动物卫生法典》提供的相关建议。

第六节
乳与乳制品的生物安全风险

―――――――◇―――――――

一、乳与乳制品国际贸易主要加工方式

我国进出口乳品以进口为主，奶源动物主要为牛、羊。进口乳品种类主要有：生乳、巴氏杀菌乳、灭菌乳、调制乳、发酵乳、乳粉、干酪、再制干酪、乳清粉和乳清蛋白粉、奶油、炼乳等；出口乳品种类主要有液态乳、乳粉、发酵乳等。

（一）生乳

从符合国家有关要求的健康奶畜乳房中挤出的无任何成分改变的常乳。产犊后7天的初乳、应用抗生素期间和休药期间的乳汁、变质乳不应用作生乳。由于生乳未经过任何热处理，保存条件高，保质期短，在国际贸易中较为少见。

（二）巴氏杀菌乳

仅以生牛（羊）乳为原料，经巴氏杀菌等工序制得的液体产品。

（三）灭菌乳

超高温灭菌乳：以生牛（羊）乳为原料，添加或不添加复原乳，在连续流动的状态下，加热到至少132℃并保持很短时间的灭菌，再经无菌灌装等工序制成的液体产品。

保持灭菌乳：以生牛（羊）乳为原料，添加或不添加复原乳，无论是否经过预热处理，在灌装并密封之后经灭菌等工序制成的液体产品。

（四）调制乳

以不低于80%的生牛（羊）乳或复原乳为主要原料，添加其他原料或

食品添加剂或营养强化剂，采用适当的杀菌或灭菌等工艺制成的液体产品。

（五）发酵乳

以生牛（羊）乳或乳粉为原料，经杀菌、发酵后制成的 pH 值降低的产品。

（六）乳粉

乳粉：以生牛（羊）乳为原料，经加工制成的粉状产品。

调制乳粉：以生牛（羊）乳或及其加工制品为主要原料，添加其他原料，添加或不添加食品添加剂和营养强化剂，经加工制成的乳固体含量不低于 70% 的粉状产品。

（七）干酪

成熟或未成熟的软质、半硬质、硬质或特硬质、可有涂层的乳制品，其中乳清蛋白/酪蛋白的比例不超过牛奶中的相应比例。

（八）再制干酪

以干酪（比例大于 50%）为主要原料，添加其他原料，添加或不添加食品添加剂和营养强化剂，经加热、搅拌、乳化（干燥）等工艺制成的产品。

（九）乳清粉和乳清蛋白粉

乳清粉：以乳清为原料，经干燥制成的粉末状产品。

乳清蛋白粉：以乳清为原料，经分离、浓缩、干燥等工艺制成的蛋白含量不低于 25% 的粉末状产品。

（十）稀奶油、奶油和无水奶油

稀奶油：以乳为原料，分离出的含脂肪的部分，添加或不添加其他原料、食品添加剂和营养强化剂，经加工制成的脂肪含量为 10.0% ~ 80.0% 的产品。

奶油（黄油）：以乳和（或）稀奶油（经发酵或不发酵）为原料，添加或不添加其他原料、食品添加剂和营养强化剂，经加工制成的脂肪含量不小于 80.0% 产品。

无水奶油（无水黄油）：以乳和（或）奶油或稀奶油（经发酵或不发酵）为原料，添加或不添加食品添加剂和营养强化剂，经加工制成的脂肪含量不小于 99.8%的产品。

（十一）炼乳

淡炼乳：以生乳和（或）乳制品为原料，添加或不添加食品添加剂和营养强化剂，经加工制成的黏稠状产品。

加糖炼乳：以生乳和（或）乳制品、食糖为原料，添加或不添加食品添加剂和营养强化剂，经加工制成的黏稠状产品。

调制炼乳：以生乳和（或）乳制品为主料，添加或不添加食糖、食品添加剂和营养强化剂，添加辅料，经加工制成的黏稠状产品。

二、乳与乳制品加工过程中的生物安全风险

乳与乳制品携带生物风险因素的主要原因有两类，一类是感染动物通过奶向外排毒，另一类是环境中或感染动物体表的生物风险因素在生乳收集过程中带入。

国际贸易中常见的乳与乳制品绝大多数均经过了巴氏杀菌或更高温度的热处理。一般来说，经过 2 次高温短时杀菌（HTST）（72℃，15s）或一次超高温瞬时杀菌（UHT）（132℃，1s）或其他等效热处理工艺的乳与乳制品，产品的生物安全风险是可控的。

三、乳与乳制品贸易相关的主要动物疫病

除生乳外，绝大多数乳及乳制品在生产加工中均包括巴氏杀菌或更高温度的热处理工艺，大部分动物疫病风险在此过程中均可被控制，但仍有部分疫病可能通过进口乳及乳制品渠道传入。

（一）炭疽

炭疽是由炭疽杆菌所致的一种人畜共患的急性传染病。人因接触病畜及其产品及食用病畜的肉类而发生感染。临床上主要表现为皮肤坏死、溃疡、焦痂和周围组织广泛水肿及毒血症症状，皮下及浆膜下结缔组织出血性浸润，血液凝固不良，呈煤焦油样，偶可引发肺、肠和脑膜的急性感染，并可伴发败血症。自然条件下，食草兽最易感，人类中等敏感，主要发生于与动物及畜产品加工接触较多及误食病畜肉的人员中。

可通过以下方法降低炭疽通过乳与乳制品传入风险：生乳应来自挤奶

时无炭疽病症状的动物；如果生乳来自前 20 天内发生过一例炭疽病病例的牲畜群，则应当经过迅速冷冻处理和至少相当于巴氏消毒的热处理。

（二）布鲁氏菌病

布鲁氏菌病在国内以羊为主要传染源，牧民或兽医接羔为主要传播途径。皮毛、肉类加工、挤奶等可经皮肤黏膜受染，进食病畜肉、奶及奶制品可经消化道传染。

可通过以下方法降低布鲁氏菌病通过乳与乳制品传入风险：应来自无相应动物布鲁氏菌感染的国家、地区或畜群；或经巴氏消毒处理，或根据国际食品法典委员会制定的《乳和乳制品卫生操作规范》，采取一系列具备同等效力的控制措施。

（三）口蹄疫

口蹄疫是猪、牛、羊等主要家畜和其他家养、野生偶蹄动物共患的一种急性、热性、高度接触性传染病，传染性极强，可以在牛群和猪群中通过多渠道迅速传播，并会导致牲畜的死亡和永久性残疾，易感动物达 70 多种，偶尔也感染人。临床特征是在口腔黏膜、蹄部和乳房皮肤发生水性疱疹。研究表明，pH 值<7.0 时，口蹄疫病毒可迅速被灭活，而当 pH 值>7.0 时，灭活口蹄疫病毒（FMDV）所需的时间明显比酸性环境下长。

可通过以下方法降低口蹄疫通过乳与乳制品传入风险：应来自在收集生乳时没有口蹄疫感染或疑似感染的养殖场；经过最低 132℃ 至少 1s 超高温（UHT）处理，如生乳 pH 值低于 7.0，应采用最低 72℃ 至少 15s 的灭菌工艺（高温短时巴氏消毒处理），如生乳 pH 值≥7.0，则应进行 2 次高温短时巴氏消毒处理；产品加工后采取了必要的预防措施，防止接触任何口蹄疫病毒潜在源。

（四）结核分枝杆菌复合群感染

结核分枝杆菌复合群是指一组基因组高度同源、可引起结核病的分枝杆菌。包括牛分枝杆菌、羊分枝杆菌、结核分枝杆菌等。

可通过以下方法降低结核分枝杆菌复合群感染通过乳与乳制品传入风险：来源于无结核分枝杆菌复合群感染的畜群；生乳按国际食品法典委员会制定的《乳和乳制品卫生操作规范》采取了巴氏灭菌或其他等效控制灭菌措施。

（五）裂谷热

裂谷热（RVF）是由裂谷热病毒引起的，经蚊类媒介或接触传播的急性病毒性人畜共患病。鲜奶也可能是人感染病毒的病毒源。

可通过以下方法降低裂谷热通过乳与乳制品传入风险：生乳经过巴氏消毒或实施了与国际食品法典委员会制定的《乳和乳制品卫生操作规范》同等效应的综合管控措施。

（六）结节性皮肤病

结节性皮肤病（LSD）是一种由结节性皮肤病病毒（LSDV）感染引起的牛和水牛疫病。

降低结节性皮肤病通过乳与乳制品传入风险的方法同上述"裂谷热"。

（七）小反刍兽疫

可通过以下方法降低小反刍兽疫通过乳与乳制品传入风险：生乳经过最低 132℃至少 1 s 超高温（UHT）处理，如生乳 pH 值低于 7.0，应采用最低 72℃至少 15 s 的灭菌工艺（高温短时巴氏消毒处理），或如生乳 pH 值≥7.0，则应进行 2 次高温短时巴氏消毒；采取了必要的预防措施，以避免产品接触任何潜在的小反刍兽疫病毒源。

（八）痒病

痒病是一种绵羊和山羊的神经退行性疫病，主要通过感染母羊传播给其新生后代以及其他接触到感染动物组织和胎液的易感新生羔羊。成年羊因接触感染动物组织和胎液而受到感染的概率较低。绵羊的遗传易感性存在差异。该疫病潜伏期长短不一，通常以年计算。潜伏期的长短受宿主遗传、病原体菌株等诸多因素影响。

可通过以下方法降低痒病通过乳与乳制品传入风险：乳及乳制品来自痒病无疫养殖场。

四、乳与乳制品的动物检疫风险

总体而言，绝大多数乳制品在生产过程中均经过了巴氏杀菌或具备同等效应的控制措施，通过乳制品传播疫病的风险较低，但生乳在一定程度上仍存在传播部分疫病的风险。

第四章
我国动物产品生物安全风险管理措施

我国对进境动物产品的安全风险历来重视，相关风险管理措施建设起步较早。

法律法规层面，1950 年对外贸易部出台的《输出入动物及其产品检疫办法（草案）》、1982 年 6 月 4 日国务院颁布的《中华人民共和国进出口动植物检疫条例》、1992 年 4 月 1 日起实施的《中华人民共和国进出境动植物检疫法》、1997 年 1 月 1 日起实施的《中华人民共和国进出境动植物检疫法实施条例》，分别在不同的历史阶段规定了应实施检疫或消毒的动物、动物产品种类；规范了输出入动物及动物产品范围、出证、隔离及检疫处理；规定了进境动物产品应实施检疫审批，境外生产、加工企业应注册登记等。

部门规章层面，1992 年 4 月 25 日颁布的《进境动物产品检疫管理办法》、2002 年 7 月 1 日颁布的《进境动植物检疫审批管理办法》、2002 年 12 月 31 日颁布的《进境动物和动物产品风险分析管理规定》、2011 年 1 月 4 日颁布的《进出口肉类产品检验检疫监督管理办法》和 2014 年 11 月 13 日颁布的《进出境非食用动物产品检验检疫监督管理办法》等是对《进出境动植物检疫法》及其实施条例中进境动物产品相关条款的补充。这些管理办法细化和明确了进境动物产品的风险分析、检疫审批、风险评估、检疫准入、国外生产加工企业注册登记、口岸查验、检验检疫、检疫处理和监督管理等一系列工作，使进口动物产品的检验检疫监管工作更加科学和规范，法律法规体系更加完整，为确保进口动物产品安全、保护国门生物安全作出了积极的贡献。

第一节
风险分析

◇

一、风险分析制度的认识

（一）基本概念

风险分析制度，是指运用风险分析的原理和方法，对各种风险事件发生的可能性及后果影响进行评估，并提出管理策略的过程。风险具有 4 个主要特性，未来性、损害性、不确定性和可预测性。在早期进境动植物检疫工作中，对危险"对象"采取的是全面"禁止进口"的"零风险"管理措施。随着社会经济的不断发展和科技的不断进步，人们也开始逐步对风险采取自觉的识别、衡量和分析，以期用最少的成本来实现最大的安全保障。以《实施卫生和植物卫生措施的协定》（SPS 协定）为例，该协定要求各成员应确保其所采取的 SPS 措施是建立在风险评估的基础上，在设定 SPS 保护水平时应尽最大努力减少对贸易的不利影响，而风险评估是风险分析的重要组成部分，是科学设定适宜的 SPS 保护水平的基础。

经过多年的实践探索，进出境动植物检疫开始向确定可接受风险水平、以管理风险为核心的综合管理措施发展，逐步建立完善了进出境动植物检验检疫风险管理体系，全面提升了监管工作的科学性和有效性。

（二）风险分析的作用

风险分析是国门生物安全必要的措施之一，可以预估危险性有害生物的入侵风险，确定管制性有害生物并提出相应的管理措施以降低上述预估的风险。风险分析能够提高国门生物安全的科学性和透明性，从而较为有效地降低动植物检疫对贸易造成的不良影响。

1. 预估外来风险，进一步保护国门生物安全

随着国际旅行和国际贸易的发展，造成动物疫病和植物有害生物异地传播的可能性大幅度上升。一种动物疫病或植物有害生物对农业生产、人类安全是否有害，其风险性有多大，是属于检疫性疫病和有害生物，还是属于管制的非检疫性疫病和有害生物，在国际贸易交往中是否有必要采取检疫程序和措施以及采取哪些检疫措施和程序，都要经过风险分析给予充分和严格的分析论证。通过风险分析，可以对外来的有害生物的风险程度进行科学把握和分析，并相应地制定出必要的检疫程序和措施，以保护本国或本地区的农业生产安全。

2. 遵守国际规则，进一步促进国际贸易发展

由于政治经济的需要，动植物检疫可以被各国或地区作为技术性壁垒来使用，以保护本国或地区的利益。为了消除那些不必要的壁垒，世界贸易组织（WTO）、SPS/TBT 协定等国际组织或协议中都倡议，对贸易的限制必须建立在充分的科学依据基础上。国际贸易的发展需要有一个科学的、一致的、透明的方法来安全去除检疫上的关贸壁垒，风险分析正是这样一种方法，可以在相当大的程度上减少动植物检疫对贸易的限制。

3. 强调科学技术，进一步提高检疫工作水平

风险分析是建立在生物、经济以及其他科学的基础上，是科学性和技术性非常强的一项工作。风险分析通过严格的定性分析或定量分析，明确哪些疫病和有害生物是应被管制的，并计算出其风险程度的度量值，从而制定切实可行的、配套的检疫程序和措施，这使动植物检疫更具有科学性，从根本上保障动植物检疫工作的开展并提高其水平。

二、风险分析的主要步骤

为了实现风险管理的目标，需要按照一定的程序展开工作。风险分析的程序主要包括 4 个步骤。

（一）风险识别。对尚未发生的、潜在的风险因素进行鉴别、分类、判定风险因素的主次，这是风险管理的基础。

（二）风险评估。对风险事件发生的可能性及风险事件造成损失的严重性进行分析、估计和衡量，为风险控制方法的选择提供依据。一般包括释放评估、接触评估、后果评估和风险计算 4 个步骤。

（三）风险管理。为达到合适的保护标准而决定并执行措施的过程，要确保对贸易的负面影响达到最小。风险管理由风险评价、方法评价、实施、监测及审查共同组成。

（四）风险交流。在风险分析期间，从可能的受影响方或当事方收集信息和意见的过程，同时也是将风险评估结果和风险管理措施向进出口国家（地区）或当事方进行通报的过程。风险交流是公开的、互相的、反复的信息交流过程。

三、相关文件

为了防范动物传染病、寄生虫病从境外传入，保护我国畜牧业及渔业生产安全、动物源性食品安全和公共卫生安全，在风险评估的基础上，我国农业农村部和海关总署联合发布了《中华人民共和国进境动物检疫疫病名录》。《中华人民共和国进境动物检疫疫病名录》已经过 4 次修订，最近一次修订在 2022 年 1 月。

　　《中华人民共和国进境动物检疫疫病名录》是开展对外贸易、防范境外重要动物传染病的法律依据。最新版《中华人民共和国进境动物检疫疫病名录》与前一版相比，在疫病名称上与 WOAH 保持一致，包括一类传染病、寄生虫病 15 种，二类传染病、寄生虫病 155 种，其他传染病、寄生虫病 41 种，共计 211 种。除牛瘟外，我国实施的《中华人民共和国进境动物检疫疫病名录》基本涵盖了 WOAH 须通报的陆生动物疫病名录。通过建立《中华人民共和国进境动物检疫疫病名录》并进行动态调整，明确了我国对进境动物及其产品防范的重点，该名录是境外动物产品准入时进行风险评估的重要依据。

第二节
检疫准入

一、检疫准入制度的认识

（一）基本概念

　　检疫准入制度，是指进出境动植物检疫主管部门根据中国法律、法规、规章以及国内外动植物疫情疫病和有毒有害物质风险分析结果，结合对拟向中国出口农产品的国家或地区的质量安全管理体系的有效性评估情况，准许某类产品进入中国市场的相关程序。检疫准入制度 WTO/SPS 确立的一项国际通行规则，没有统一的国际标准称谓。检疫准入的结果通常以签订协定（含协议、议定书、备忘录等）的形式表现出来。国际贸易中实施准入的产品包括动植物、动植物产品及食品，对食品的准入既涉及动植物检疫内容，包括动物疫病、植物有害生物和外来有害生物入侵与控制，又涉及食品检验内容，包括食品中可能影响到人体健康与生命安全的农药、兽药、重金属、添加剂、转基因等各种风险隐患的控制等。

（二）检疫准入的作用

　　检疫准入制度是 WTO/SPS 的重要措施，也是中国进境动植物检疫把关的第一道关，对于严把国门、严防疫情和不合格产品传入，提高进境农产品质量安全水平，服务对外贸易健康发展等具有重要意义。

1. 维护国门安全，贯彻总体国家安全观

国家安全是安邦定国的重要基石，坚持总体国家安全观是习近平新时代中国特色社会主义思想的重要内容。国门生物安全是国家安全的重要组成部分。动植物疫情及食品风险隐患决定了必须坚持预防为主。检疫准入制度可以事前将高风险产品拒之国门之外，有效保障国门生物安全，贯彻总体国家安全观。

2. 体现国家主权，服务外交大局

检疫准入工作是国家意志的体现，主权的象征。检疫准入工作与国家对外交往密切相关，具有国际敏感性，常常成为国际社会关注的热点。我国加入世界贸易组织后，与多个国家（地区）签署了有关动植物、食品检验检疫双边协议或议定书，为高层互访营造了良好气氛，有力配合了国家外交大局，对促进中国与有关国家正式建立外交关系、争取有关国家承认中国的市场经济地位等方面发挥了重要的作用。

3. 运用世界贸易组织规则，维护本国外贸发展

风险评估是运用世界贸易组织规则实施检验检疫准入最锐利的武器，同时也是一种隐蔽的技术性贸易措施，可以合理阻止或延缓国外产品大量进入国内市场，保护国内生产者的利益。目前，全球贸易保护主义进一步抬头，在世界贸易组织框架下合理利用检验检疫准入制度，如通过要求出口国（地区）不断提供资料，质疑出口国（地区）管理体系有效性，延长风险分析的时间等准入要求和程序实施技术性贸易措施，已经成为各国（地区）通行做法，这对于保护国内市场，落实本国（地区）对外贸易政策有重要意义。

二、检疫准入的依据

（一）国际标准和国际实践

WTO/SPS 规定，如果出口成员方客观地向进口成员方证明，其 SPS 措施达到了进口成员方适当的 SPS 保护水平，进口成员方应按要求，允许合理准入，让进口成员方实施检查、检验及其他相关程序。各成员应保证其 SPS 措施是建立在适当条件下，对人、动物生命或健康进行风险评估基础上的，且考虑到了相关国际组织制定的风险评估技术。

鉴于检疫准入工作的重要性，欧盟、美国、新西兰、日本等发达国家和地区都已将检疫准入制度纳入立法，且相关法律法规体系层次分明，实践性强。如欧盟在检疫准入制度立法方面，既有法律层面的《官方控制法规》，又有依据法律制度的具体实施法规。美国关于检疫准入管理体系和法律法规也很严密。比如，在动物产品准入方面，《美国法典》项下分类专章制定了《禽肉产品检验法》《肉类检验法》《蛋制品检验法》《食品安全现代法案》等。《美国联邦法规》又根据《美国法典》相关规定，分章制定了《国外肉类进入美国的条件》《国外禽产品进入美国的条件》《国外蛋制品进入美国的条件》，规定了其他国家或地区肉类、禽产品和蛋制品进入美国市场的等效性要求，美国食品安全检验局（FSIS）将这些要求归结为 6 个"等效性要素"［政府监管、法定权限和食品安全法规、卫生、危害分析和关键控制点（HACCP）、化学物质残留和微生物检测计划］FSIS 从 6 个"等效性要素"对申请准入国家（地区）实施风险评估，其关于检疫准入的规定清晰、可操作性强。

（二）法律法规层面

我国进境动植物及其产品检疫的主要依据是《中华人民共和国进出境动植物检疫法》及其实施条例，但未对检疫准入作出明确规定，没有与风险分析、评估输出国（地区）官方卫生与植物检疫管理体系等方面相关的表述。虽然《中华人民共和国进出境动植物检疫法实施条例》提到了"双边检疫协定（含检疫协议、备忘录）"和"对向中国输出动植物产品的国外生产、加工、存放单位实行注册登记制度"的概念，但未明确上述制度和检疫准入的关系。随着 2021 年 4 月 15 日《中华人民共和国生物安全法》的颁布实施，我国在法律层面填补了有关检疫准入制度的空白。《中华人民共和国生物安全法》第二十三条明确规定，国家建立首次进境或者暂停后恢复进境的动植物、动植物产品、高风险生物因子国家准入制度。

（三）规章层面

相对于法律法规而言，现行部门规章对检疫准入的规定较多，主要体现在海关总署对特定种类产品检疫监督管理办法中。如《进境植物和植物产品风险分析管理规定》《进境动物和动物产品风险分析管理规定》对动植物和动植物产品的风险分析内容及程序作出了规定。《进出境粮食检验检疫监督管理办法》规定对进境粮食实施"检验检疫准入"制度，首次从输出国家或地区进口某种粮食时，要在风险分析的基础上组织开展有害生物风险分析、监管体系评估与审查，确定检验检疫要求、境外生产企业注册登记等。《进出境非食用动物产品检验检疫监管管理办法》《进境水生动物检验检疫监督管理办法》《进出境中药材检疫监督管理办法》提出了对进境上述产品实施"检疫准入"制度，包括产品风险分析、监管体系（安全卫生控制体系）评估与审查、确定检验检疫要求、境外生产企业（养殖和包装企业）注册登记等。有的产品，如进境水果、陆生动物、野生动物、动物遗传物质、禽类、饲料及饲料添加剂等事实上实施检验检疫准入制度。海关总署官方网站已公示相关准入名录，如《获得我国检验检疫准入的冷冻水果及输出国家/地区名录》《获得我国检验检疫准入的新鲜水果及输出国家/地区名录》《允许进境野生动物国家或地区及品种名录》等。

三、检疫准入的一般程序

检疫准入制度通常包含产品风险分析、监管体系（安全卫生控制体系）评估与审查、确定检验检疫卫生条件和要求、境外生产企业（养殖和包装企业）注册登记4个方面。

（一）检疫准入的基本程序

以海关总署官方网站公布的《拟输华肉类产品评估审查程序》为例，我国检疫准入程序大体如下：

1. 官方申请

拟向我国输出产品的国家（地区）以书面方式向中国海关总署提出对华出口产品的申请。

2. 体系评估

海关总署根据拟输出国（地区）动植物疫情状况决定是否启动评估审查程序。如启动，则向拟输出国（地区）提交相关产品的风险评估问卷。拟输出国（地区）根据问卷予以回复，提供相关技术资料。

3. 风险评估和考察

海关总署对输出国（地区）官方提供的答卷及相关资料进行风险评估，在风险分析过程中，如需要，中方将请输出国（地区）再补充有关资料。如果评估认为出口国（地区）的产品安全卫生状况在可接受范围内，中方将考虑是否派出专家组赴输出国（地区）进行实地考察。

4. 双边议定书

在风险评估和考察工作完成后，中方将考虑是否提出从该国（地区）进口该种产品的检疫议定书草案或入境检验检疫卫生要求，双方就此进行协商，达成一致后签署议定书，按照议定书或卫生要求的规定开展该种产品的贸易。

5. 境外企业注册

符合要求的国家或地区的境外生产、加工、存放企业予以注册登记。

（二）主要工作内容

1. 风险评估

首次向中国输出某种动植物及其产品和其他检疫物或者向中国提出解除禁止进境物申请的国家或地区，应当由其官方动植物检疫部门向进出境动植物检疫主管部门提出书面申请，并提供开展风险分析的必要技术资料。中国进出境动植物检疫主管部门收到申请后，应组织专家根据世界动物卫生组织（WOAH）、国际植物保护公约（IPPC）、国际食品法典委员会（CAC）的有关规定，遵循以科学为依据，透明、公开、非歧视以及对贸易影响最小等原则，并执行或者参考有关国际标准、准则和建议，开展风险分析。

通过书面问卷调查或实地考察的方式，详细了解拟输出国家（地区）动植物检验检疫法律法规体系、机构组织形式及其职能、防疫体系及预防措施、质量安全管理体系、安全卫生控制体系、残留监控体系、有害生物和疫病发生和监测体系及其运行状况、检疫技术水平和发展动态，以及动植物及其产品的生产方式等情况，并了解拟输出产品的名称、种类、用途、进口商、出口商等信息。同时，采用定性、定量或者两者结合的方法，对输入国（地区）动物卫生和公共卫生体系以及潜在危害因素的传入评估、发生评估和后果评估进行综合分析，并对危害发生作出风险预测；或者对可能携带的植物有害生物进行确定，并对潜在检疫性有害生物传入和扩散的可能性以及潜在的经济影响进行评估，以确定需要关注的检疫性有害生物名单。根据风险评估的结果，确定与中国适当保护水平相一致的、有效可行的风险管理措施。

2. 确定检验检疫卫生条件和要求

在开展风险分析的基础上，中国与输出国家或地区就动植物及其产品的检疫卫生条件和要求进行协商，协商一致后双方签署检疫议定书或确认检疫证书内容和格式，作为开展进境动植物检验检疫工作的依据。海关总署将向各直属海关通报允许进口的国家或地区的检疫准入信息，包括允许该农产品进境的国家或地区的议定书、检疫要求、卫生证书模板、印章印模等，有的进境产品还需通报境外签证官的签字笔迹。

四、案例介绍

（一）我国肉类产品准入情况

截至 2023 年 6 月，我国已批准包括猪、牛、羊、鹿、马、驴、鸡、鸭、鹅、火鸡、珍珠鸡等多种动物来源的肉与肉制品进口，涉及美国、加拿大、阿根廷、巴西、哥斯达黎加、乌拉圭、巴拿马、墨西哥、智利、玻利维亚、新西兰、澳大利亚、法国、爱尔兰、白俄罗斯、丹麦、意大利、比利时、波兰、德国、芬兰、荷兰、罗马尼亚、西班牙、匈牙利、英国、俄罗斯、奥地利、塞尔维亚、葡萄牙、冰岛、瑞士、乌克兰、立陶宛、拉脱维亚、韩国、蒙古国、泰国、哈萨克斯坦、纳米比亚、南非、土耳其等国家（地区）。根据不同国家（地区）兽医卫生和食品安全状况以及风险的不同，我国相应提出的检疫准入条件也各不相同。

以疯牛病为例，根据出口国家（地区）疯牛病疫情风险不同，准入措施包括但不限于以下方式：

（1）限制月龄，如 30 月龄、12 月龄。

（2）限制是否允许带骨，如仅允许去骨牛肉。

（3）规定去除特定风险组织（SRM），包括肠道（从十二指肠到直肠，包括回肠末端），胸腺、脾、扁桃体，颅骨包括脑、眼、三叉神经节，脊髓、脊柱包括背根神经节等。

（4）限制产品，如允许进口带骨或去骨牛肉、食用牛脂肪，但不允许进口其他副产品。

（二）我国皮张类产品准入情况

截至 2023 年 6 月，我国已批准马属动物皮张、兔皮、旱獭皮、（牛）

灰皮、（牛）浸酸皮、麝鼠皮、（牛羊）灰皮、原皮（牛）、原皮（羊）、热处理鹿皮、狐狸皮、猪皮、貉子皮、水貂皮、灰鼠皮、紫貂皮、水獭皮、艾虎皮、松鼠皮、象皮、鹿皮、浣熊皮、猞猁皮、袋鼠皮、驴皮等非食用皮张类产品进口。主要包括巴基斯坦、朝鲜、哈萨克斯坦、吉尔吉斯斯坦、蒙古国、日本、塔吉克斯坦、土库曼斯坦、乌兹别克斯坦、伊朗、约旦、爱尔兰、比利时、波兰、白俄罗斯、丹麦、德国、俄罗斯、法国、芬兰、荷兰、捷克、罗马尼亚、挪威、葡萄牙、瑞典、斯洛文尼亚、克罗地亚、乌克兰、西班牙、希腊、匈牙利、意大利、英国、阿根廷、巴西、秘鲁、乌拉圭、智利、哥斯达黎加、加拿大、墨西哥、美国、澳大利亚、新西兰、埃及、津巴布韦、南非等国家或地区。

第三节
注册登记和备案

一、注册登记和备案的认识

根据《中华人民共和国进出境动植物检疫法实施条例》第十七条规定，"国家对向中国输出动植物产品的国外生产、加工、存放单位，实行注册登记制度"，我国依法对高风险动植物及其产品的境外生产加工企业实施注册登记制度，进境动植物及其产品必须来自注册登记的境外生产企业。

根据《中华人民共和国食品安全法》第九十六条规定，向我国境内出口食品的境外食品生产企业应当经国家出入境检验检疫部门注册。我国对进境食用动物产品（如肉类、水产品等）的境外生产企业实施注册管理。

二、注册登记和备案的一般程序

（一）输出国家或地区官方推荐

境外生产企业应当符合输出国家或地区法律法规和标准的相关要求，

并达到与中国法律法规和标准的等效要求，经输出国家或地区官方主管部门审查合格后向我国海关总署推荐。

（二）材料审查及现场检查

海关总署对输出国（地区）官方提交的推荐材料进行审查，审查合格的，经与输出国家或地区主管部门协商后，海关总署派出专家到输出国家或地区对其安全监管体系进行现场考察，并对申请注册登记的企业进行抽查。

（三）批准公布

对检查不符合要求的企业，不予注册登记，并将原因向输出国家或地区主管部门通报；对抽查符合要求的及未被抽查的其他推荐企业，予以注册登记，并在海关总署官方网站上公布。

（四）回顾性检查

对已获准向中国输出相应产品的国家（地区）及其获得境外注册登记资格的企业，海关总署应派出专家到输出国家或地区对其生产安全监管体系进行回顾性检查，并对申请延期的境外生产企业进行抽查，对抽查符合要求的及未被抽查的其他境外生产企业，延长注册登记有效期。

三、案例介绍

目前，根据《中华人民共和国进出境动植物检疫法》及其实施条例、《中华人民共和国食品安全法》及其实施条例、《中华人民共和国进口食品境外生产企业注册管理规定》等规定，我国已对肉类及其制品、蛋与蛋制品、燕窝与燕窝制品、乳与乳制品、蜂产品等动物源性食品的境外生产企业实施注册管理，具体注册流程见图4-1。

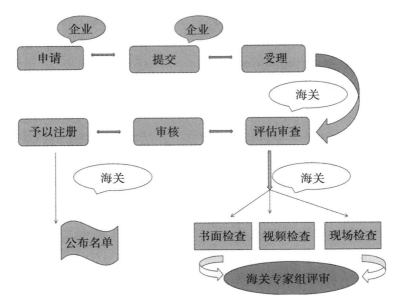

图 4-1　进口动物源性食品境外生产企业注册流程

第四节
检疫审批

一、检疫审批的认识

(一) 基本概念

检疫审批，是在输入某些检疫物时，进口企业向进出境动植物检疫主管部门提前提出申请，进出境动植物检疫主管部门审查并决定是否批准输入的法定程序。这里的"某些检疫物"，一般指动物、动物产品、植物繁殖材料以及检疫法规所规定的禁止进境物等。

(二) 检疫审批的主要作用

检疫审批是动植物检疫的重要程序之一，其主要作用集中表现在 3 个方面：

1. 避免盲目进境，减少经济损失。作为进口企业，其对出口国家（地区）动植物疫情的了解较为局限，同时对我国动植物检疫法规的掌握也不一定很全面。因此，极可能出现直接输入或引进某些物品的情况，而这些物品是需要经过检疫审批程序方可入境的。一旦这样的货物抵达口岸，则会因违反动植物检疫法规而被退回或销毁，造成不必要的经济损失。经过检疫审批，能够明确所需输入或引进的物品是否可以进境，从而避免输入或引进的盲目性。

2. 提出检疫要求，加强预防控制。办理检疫审批的过程中，进出境动植物检疫主管部门依据有关规定和出口国家（地区）的疫情来决定是否批准输入。如果允许输入，则会进一步提出相应的检疫要求，例如要求该批货物不准携带某些有害生物等。因此，检疫审批能够有效地预防疫病和有害生物，特别是检疫性动物疫病和植物有害生物传入我国。

3. 依据贸易合同，进行合理索赔。进出境动植物检疫主管部门将上述检疫要求通知进口企业，进口企业即可告之出口方并将其写入贸易合同或协议中。当检疫物到达并被我国进出境动植物检疫主管部门确定不符合检疫要求时，例如检出某些不准输入的检疫性疫病和有害生物等，进口企业可依据贸易合同中的检疫要求条款向出口方提出索赔。

二、检疫审批的类型与范围

依据检疫物的范围，检疫审批可分为两种基本类型，即一般审批（一般许可）和特许审批（特殊许可）。针对动物、动物产品、植物种子、种苗及其他繁殖材料等的审批为一般审批，针对禁止入境物的审批为特许审批。

（一）一般审批

在一般审批中，检疫物的范围主要包括3类：①通过贸易、科技合作、赠送、援助等方式输入的动物、动物产品，植物种子、种苗及其他繁殖材料，以及近年引起广泛重视的水果和粮食等；②携带、邮寄输入的植物种子、种苗及其他繁殖材料；③运输过境的动物。

（二）特许审批

在特许审批中，检疫物主要指因科学研究等特殊需要而引进的国家规定的禁止进境物。在我国，禁止进境物主要包括 4 类：①动植物病原体（包括菌种、毒种等）、害虫及其他有害生物；②动植物疫情流行国家和地区的有关动植物、动植物产品和其他检疫物；③动物尸体（例如动物标本等）；④土壤。

三、需要办理检疫审批的动物产品范围

（一）食用性动物产品

包括以下产品：①肉类及其产品（含脏器、肠衣）；②鲜蛋类（含食用鲜乌龟蛋、食用甲鱼蛋）；③乳品（包括生乳、生乳制品、巴氏杀菌乳、巴氏杀菌工艺生产的调制乳）；④水产品（包括两栖类、爬行类、水生哺乳类动物及其他养殖水产品及其非熟制加工品、日本输华水产品等）；⑤可食用骨蹄角及其产品；⑥动物源性中药材；⑦燕窝等。

（二）非食用性动物产品

包括以下产品：①生皮张类；②原毛类；③骨蹄角及其产品；④蚕茧；⑤血液；⑥含有动物成分的有机肥料等。

（三）饲料产品

包括以下产品：①配合饲料、饲料用（含饵料用）冰鲜冷冻动物产品；②饲料用（含饵料用）水产品；③加工动物蛋白及油脂；④宠物食品和咬胶（罐头除外）。

四、办理检疫审批的流程

（一）申请单位登录海关行政审批网上办理平台向海关提交材料。海关向申请人出具受理单或不予受理通知书。

（二）受理申请后，根据法定条件和程序进行全面审查，自受理申请之日起 20 个工作日内作出准予许可或不予许可的决定。

（三）依法作出许可决定的，签发《中华人民共和国进境动植物检疫审批许可证》；或者依法作出不予许可决定。

办理检疫审批的具体流程见图 4-2。

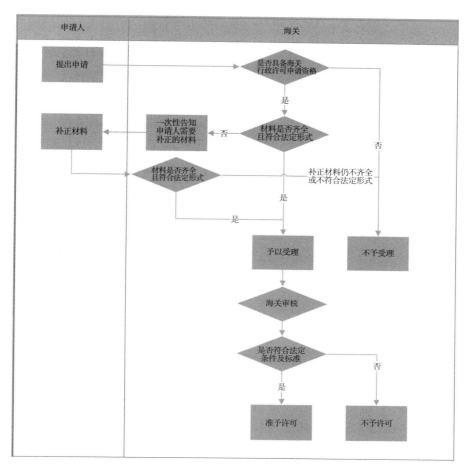

图4-2 进境（过境）动物及其产品检疫审批业务流程

五、受理检疫审批的条件

（一）申请办理检疫审批手续的单位应当是具有独立法人资格并直接对外签订贸易合同或者协议的单位；

（二）输出和途经国家或者地区无相关的动物疫情；

（三）符合中国有关动植物检疫法律法规和部门规章的规定；

（四）符合中国与输出国家或者地区签订的双边检疫协定（包括检疫协议、议定书、备忘录等）；

（五）饲料及饲料添加剂、非食用动物产品、活动物、肉类及其产品、

蛋类、燕窝、乳品、可食用骨蹄角及其产品、动物源性中药材、水产品的
输出国家（地区）和生产企业应在海关总署公布的相关检验检疫准入名
单内。

第五节
兽医（卫生）证书

一、兽医（卫生）证书的认识

兽医（卫生）证书，是指由输出国家或地区官方主管部门出具的，由
官方兽医签发的用于证明输出的动物或动物产品卫生状况的一种具有法律
效力的文件，代表着输出国家或地区动物检疫机关的检疫技术水平，是检
疫结果的书面凭证，是准许进境的有效证件之一，同时也是众多国家（地
区）银行结汇的重要凭证。目前，世界上大多数国家（地区）的动植物检
疫机关在执法中已形成普遍为各国（地区）所接受的履行双向检疫许可证
和检疫证书认证制度，检疫证书被作为控制和防止动物疫病通过国际贸易
中的动物及其产品而传播的先决条件，尤其是一些农业发达国家（地区），
如美国、澳大利亚、欧盟等，更是制定了严格的认证制度，既确保了进口
动物及其产品符合本国（地区）的检疫要求，又加快了货物在口岸的验放
速度。

二、兽医（卫生）证书的起草原则

（一）证书设计应尽可能减小潜在的造假风险，包括使用独具的标识
数字或其他确保安全的恰当方法。纸质证书应有出证兽医的签名和发证兽
医主管部门的官方标识（印章）。证书的每一页都应有标明独具的证书编
号、总页数和本页页码。电子出证程序也应具有同类安全保护措施。

（二）证书书写用语应简单明了且易懂，同时又不失其法律意义。

（三）若进口国（地区）要求，证书应以进口国（地区）的语言书

写。在这种情况下，还应采用出证兽医可以理解的语言书写。

（四）证书应要求动物和动物产品有适当标识，除非无法标记（如一日龄雏）。

（五）证书不应要求兽医证明其知识范围外的或无法确定和证明的事项。

（六）如有必要，将证书交给出证兽医时应附指导性意见，注明在证书签发前需进行的调查、试验或检查。

（七）证书文本不得修改，如有删除，须由出证兽医签字并盖章。

（八）签名和盖章的颜色应有别于证书印刷颜色。印章可使用压花钢印，避免更换颜色。

（九）兽医主管部门可签发补发证书，以替换已遗失、损坏、错误或原始信息不正确的证书。签发机构应提供这些替换补发的证书，并明确说明原证书已被替换。在替代证书上应注明其取代的原证书编号和签发日期。应注销原证书，如可能，应归还给签发机构。

（十）仅证书原件为有效证书。

三、关于电子出证

（一）出口国（地区）兽医主管部门可通过电邮交换数据，直接向进口国（地区）兽医主管部门发送证书。

1. 提供电子证书的系统通常为商业用户提供使用界面，供其为发证机构提供相关商品信息，出证兽医应可获得所有信息，如实验室结果和动物标识数据等。

2. 交换电子证书时，为了充分利用电子数据，兽医主管部门应使用国际标准化语言、信息结构和交换协议。联合国贸易便利化和电子商务中心（UN/CEFACT）提供了关于标准化可扩展标识语言（XML）电子出证和兽医主管部门之间安全交换机制的指导。

3. 安全的电子数据交换方法应通过证书的数字认证、加密、抗抵赖机制、受控和受审的访问和防火墙来保证。

（二）电子证书格式可不同，但所载信息应与传统的纸质证书相同。

（三）兽医主管部门应建立电子证书安全系统，防止未经授权的人员和组织取用。

（四）出证兽医须对其电子签名的安全使用承担正式责任。

四、案例介绍

下面以我国进口肉类产品的卫生证书为例进行介绍。我国与所有的肉类产品出口国家（地区）官方签订双边协议，其中双方约定向中国出口的每一集装箱肉类产品应至少随附一份正本兽医卫生证书，证明该批产品符合中国和输出国家（地区）兽医和公共卫生法律法规及双边协议的有关规定。兽医卫生证书使用中文、英文以及输出国家（地区）官方语言文字写成。签证官填写证书时英文必填。兽医卫生证书的格式、内容须事先获得双方认可。

我国进口肉类产品的卫生证书一般包含以下信息（图4-3）：

图4-3 输华肉类产品卫生证书样张

1. 基本信息：出证机构信息，包括出口国家（地区）、主管部门、地方主管机构；

2. 企业信息：包括屠宰场名称、地址、注册号，加工企业名称、地址、注册号，储存冷库名称、地址、注册号；

3. 产品信息：包括来源动物种类、来源动物国家（地区）、包装方式、产品名称、包装数量、净重、屠宰日期、生产日期、保质期、生产批次号、唛头、总毛重和总净重、储存温度、运输温度等；

4. 运输信息：包括发货日期、启运港、途经国家（地区）、目的地及到达港、运输方式及运输工具班次信息、集装箱号、铅封号、发货人名称和地址、收货人名称和地址；

5. 兽医官声明，如证明该产品生产过程符合中国和出口国家（地区）有关畜禽和公共卫生的法律法规及食品安全国家标准，符合双方签署的相关肉类产品输华议定书要求，该批产品安全卫生适合人类食用；

6. 其他信息：包括签证地点、签发日期、官方兽医官姓名及签字、官方印章、签字等。

第六节
指定进境口岸

—————◇—————

一、指定进境口岸的认识

（一）基本概念

指定进境口岸，是指我国进出境动植物检疫主管部门根据不同动植物及其产品的携带传入动植物疫情疫病风险，结合某类动植物及其产品的贸易需求，指定某类动植物及其产品从具备相应设施设备、检验检疫专业人员和实验室检测技术能力等条件的特定口岸入境，并由该口岸实施检验检疫的管理措施。指定口岸原则上应设在国务院批准的对外开放口岸，包括海港、河港、空港、公路、铁路口岸。《中华人民共和国生物安全法》明确提出，经评估为生物安全高风险的人员、运输工具、货物、物品等，应当从指定的国境口岸进境，并采取严格的风险防控措施。2019 年 12 月，海关总署发布《海关指定监管场地管理规范》的公告，为满足动植物疫病疫情防控需要，公告对特定进境高风险动植物及其产品实施查验、检验、检疫的监管作业场地设置提出了规范要求。

（二）指定进境口岸的主要作用

实践证明，对进境动植物及其产品实施指定进境口岸制度是防范外来有害生物传入的有效措施，也是国际通行做法。通过对进境高风险动植物及其产品实施指定进境口岸制度，有效配置检验检疫资源，提升了工作效率，加快了货物通关速度，并提高了检疫工作的针对性和有效性。

二、指定口岸申请的一般流程

（一）立项与评估

为合理规划和利用口岸资源，省级人民政府根据口岸发展需要，组织开展可行性评估和立项，并统筹规划和组织建设。经评估，认为具备设立条件，形成立项申请，函商直属海关提出立项评估意见，直属海关初审后报海关总署审核、批复。

立项材料应当包括以下内容：

1. 地方外向型经济和口岸建设的基本情况、发展规划，指定监管场地开展相关业务的市场需求，以及预期的经济效益、社会效益。

2. 地方政府制定保障进境高风险动植物及其产品检疫风险的联防联控工作制度（组织机构、能力保障、职责分工、督查督办）。

3. 指定监管场地的建设规划（建设主体、周期、资金保障、规划平面图等）。

4. 指定监管场地建设有关土地、环保、农林等评估意见。

（二）验收和批准

1. 验收条件

（1）指定监管场地符合海关监管作业场所（场地）的设置规范，满足动植物疫病疫情防控需要，具备对特定进境高风险动植物及其产品实施查验、检验、检疫的条件；

（2）指定监管场地主管海关的监管能力满足特定进境高风险动植物及其产品作业需求；

（3）地方政府已建立检疫风险的联防联控制度，国门生物安全、食品安全保障机制，重大动物疫病、重大植物疫情、重大食品安全事件等突发事件应急处理工作机制。

2. 验收程序

（1）预验收。指定监管场地具备预验收条件后，由申请单位向直属海关申请预验收。对通过预验收的或预验收提出的不符合项已整改完毕的，直属海关应当函请海关总署组织验收。

（2）正式验收。海关总署根据直属海关预验收情况，组织验收组开展验收工作；也可视情况委托直属海关开展验收工作。海关总署的验收工作，包括资料审核和实地验核。

3. 批准

通过验收的或验收提出的不符合项已整改完毕的指定监管场地，海关总署批准后将新批准的指定监管场地信息列入指定监管场地名单，并在海关门户网站公布。

经公布的指定监管场地可正式承载特定进境高风险动植物及其产品的海关监管业务。

三、案例介绍

随着我国居民消费水平的不断提高，进口肉类产品贸易量逐年上升。为强化进境肉类检验检疫监管，有效控制国门生物安全和食品安全风险，我国一直对进境肉类产品实行指定口岸制度。下面以进境肉类产品为例对指定口岸制度进行介绍。为满足动植物疫病疫情防控需要，对进境肉类产品实施查验、检验、检疫的监管作业场地设置要求如下：

（一）查验区设置

1. 查验区查验场周边3千米范围内不得有畜禽等动物养殖场、屠宰加工厂、兽医院、动物交易市场等动物疫病传播高风险场所，周围50米内不得有有害气体、烟尘、粉尘、放射性物质及其他扩散性污染源，查验场区所在沿边口岸毗邻的境外地区不得为《中华人民共和国进境动物检疫疫病名录》的一类动物疫病的疫区。

2. 查验区内应当建有查验平台、暂不予放行货物存放仓库以及从事食品检验检疫的技术用房。在查验区的下风位置，建有废弃物暂存设施，应相对封闭且不易泄漏，同时应便于清洗和消毒。

3. 查验平台应当相对封闭，配备遮盖封闭设施，墙体材料及建造应满足安全、保温要求。顶部结构应采用防水性能好、有利排水的材料或者构件建设，一般应设置不小于2%的采光带。地面应平整、坚固、耐磨、防滑，用耐腐蚀的无毒材料修建，不渗水、不积水、无裂缝、易于清洗消毒并保持清洁，地面排水的坡度应为1%~2%。查验平台应设立固定的货物包装、标签、标识整改区域，并与其他区域相对隔离。

4. 配置移动查验工作台及查验工具，满足对食品查验作业需求。

5. 场地内无病媒生物孳生地，查验场地应具备有效的防鼠、防虫设施。查验区域上方的照明设施应装有防护罩。

6. 查验平台配备有制冷设备及自动温控设施，温度应控制在12℃以下，应当设有温度自动记录装置，平台靠近门洞处应当配备非水银温度计，并应经过校准。紧邻查验平台应建有储存冷库。

7. 查验平台和技术用房建新风系统，能有效净化有害异味气体，满足整体作业环境需求。新风系统应由送风系统和排风系统组成，可实现室内正压或负压状态并可调节，防止外界污染物与查验产品交叉污染，疫情应急处置时保持负压状态。

（二）查验区技术用房

1. 技术用房原则上应紧邻查验平台，应按照工作流程合理设置，能保障人流和物流完全分开，地面和墙面应便于清洗消毒。

2. 技术用房至少包括样品预处理室、感官检验室、采样室、样品存储室、防疫应急处置室、应急设备存放室、药械存放室、设施设备清洗消毒室、信息设备机房或具有集合以上功能的房间。设有与技术用房相连接的更衣室、卫生间，设施和布局不得对产品造成污染。用于肠衣等高盐食品检验检疫的设施设备必须能够耐受盐的腐蚀。

3. 配备供水装置，设置带有水槽的工作台，配备药剂存储柜、工具柜及防护设备存放柜，配备消毒喷洒设施，满足查验过程对作业场地防疫消毒和紧急防疫处置的需求。

4. 冷链食品采样室还应设置带有水槽的取制样工作台，配备锯骨机等设备。应配备样品暂存、留样存放用房。

5. 根据产品性质分区存放，配置冷冻冰柜、冷藏冰箱等样品存放设施。

6. 用于对查验废弃物品的无害化处理，设置带有水槽的工作台，配置大型高压灭菌锅等无害化处理设备。

（三）冷链食品储存库

1. 冷链食品储存库原则上应当设置在进境口岸监管区范围内，交通运输便利，并具备方便搬运的运作空间，库容量具备一定规模。

2. 冷库区域周围无污染，符合环保要求，路面平整、不积水且无裸露的地面。

3. 冷库内地面用防滑、坚固、不透水、耐腐蚀的无毒材料修建，地面平坦、无积水并保持清洁；墙壁、天花板使用无毒、浅色、防水、防霉、不脱落、易于清洗的材料修建；库房密封，有防虫、防鼠、防霉设施。

4. 冷链食品储存库按存储温度分为冷藏库和冷冻库，冷冻库库房温度应当在−18℃以下；冷藏库库房温度应当在4℃以下，有特殊温度要求的还应设立特殊的存储场所。

5. 冷库内保持无污垢、无异味，环境卫生整洁，布局合理，不得存放有碍卫生的物品，保持过道整洁，不准放置障碍物品；不同种类产品应分库存放，防止串味和交叉污染；库房应定期消毒，定期除霜。

6. 冷库应当设有温度自动记录装置，库内应当配备非水银温度计，并经过校准。

（四）其他要求

1. 应当至少配备2名熟悉海关法规和标准要求的食品安全员，负责查验区内的食品安全管理工作。

2. 应当建立满足海关监管要求的管理制度，包括出入库管理、防疫消毒管理、温度监测、视频档案管理、废弃物管理、食品安全防护、异常报告等管理制度。

3. 应当建立重大动物疫病、重大食品安全事件等突发事件的应急处理方案。

第七节
现场查验

◇

一、现场查验的认识

（一）基本概念

现场查验，是以动植物检疫法律法规制度为依据，对进出境法定检疫物进行证书核查、货证查对和抽样送检的官方行为，是在货物抵达国境时采取的阻止疫情疫病传入的强制性行政措施。

（二）现场查验的主要作用

现场查验的作用在于尽最大可能把疫情疫病和不合格产品拒绝于国门之外。

二、现场查验的主要内容

现场查验的货物种类繁多，且根据口岸类型（陆路口岸、海港口岸、空港口岸）、检疫形式（进境检疫和过境检疫）的不同而略有差异，其主要内容包括以下几个方面：

1. 核对单证

核查报关单、贸易合同、信用证、发票和输出国家或地区政府动植物检疫机构出具的检疫证书等单证；依法应当办理检疫审批手续的，还须核查并核销《进境动植物检疫许可证》。根据单证核查的情况并结合中国动植物检疫规定及输出国家或地区疫情发生情况，确定检疫查验方案。

2. 核查货证是否相符

检查所提供的单证材料与货物是否相符，核对集装箱号和封识与所附单证是否一致，核对单证与货物的名称、数重量、产地、包装、唛头标志是否相符。

（三）感官检查

对进境动物产品，以及其包装的全部或有代表性的样品进行现场检查。对动物产品，检查有无腐败变质现象，容器、包装是否完好；对易滋生植物害虫或者混藏杂草种子的动物产品，同时实施植物检疫。符合要求的，允许卸离运输工具。发现散包、容器破裂的，由货主或者其代理人负责整理完好，方可卸离运输工具。发现病虫害并有扩散可能时，及时对该批货物、运输工具和装卸现场采取必要的防疫措施。对动植物性包装物、铺垫材料，检查是否携带病虫害、混藏杂草种子、粘带土壤。

（四）抽采样品

抽采样品应具备代表性，按照有关抽采样的国家标准或行业标准，以及进口货物的种类和数量制定抽采样计划并实施抽采样。必要时要结合有害生物和动物疫病的生物学特性实施针对性抽采样。对动物产品，一般在上、中、下3个不同层次和同一层次的5个不同点随机采取。在抽采样品过程中必须注意防止污染，以确保检疫结果的准确性。

三、现场查验不合格后续处置

现场查验有下列情形之一的，海关签发《检验检疫处理通知书》，并作相应检疫处理：

（一）属于法律法规禁止进境的、带有禁止进境物的、货证不符的、发现严重腐败变质的作退回或者销毁处理。

（二）对散包、容器破裂的，由货主或者其代理人负责整理完好，方可卸离运输工具。海关对受污染的场地、物品、器具进行消毒处理。

（三）带有检疫性有害生物、动物排泄物或者其他动物组织等的，按照有关规定进行检疫处理。不能有效处理的，作退回或者销毁处理。

（四）对疑似受病原体和其他有毒有害物质污染的，封存有关货物并采样进行实验室检测，对有关污染现场进行消毒处理。

第八节
实验室检测

◇

一、实验室检测的认识

　　实验室检测，是指借助实验室仪器设备对检疫物品进行动物疫病、植物有害生物检查和鉴定以及法定程序。经现场查验，将现场检查发现的有害生物、带有症状的样品和其他需作进一步检测的样品送实验室检验。实验室根据委托的检验、鉴定项目，按照相关检测技术标准，采用分离、培养、生理生化和形态学、分子生物学等方法，进行检测和鉴定。实验室检测为现场查验提供了必要的技术支持。实验室检疫鉴定结果是对进出口货物作准予进出境或检疫处理的重要依据（图4-4）。

图4-4　上海海关实验室

二、动物产品实验室检测的主要方法

　　在动物检疫中，实验室检测的主要内容是确定动物性样品是否感染以及感染何种检疫性动物疫病，例如在进境动物产品中，实验室重点检测我国所规定的动物一、二类传染病和寄生虫病。目前，病原检验、血清学检验和病理学检验等是动物检疫实验室检测的主要方法。

（一）病原形态检测

主要对各类病原进行分离、培养以及种类的鉴定，包括病毒、细菌的分离培养和鉴定，寄生虫病检验等。分离培养方法如用于病毒分离培养的单层细胞培养分离病毒、鸡胚或鸭胚接种分离病毒、实验动物接种分离病毒等；目前主要鉴定方法为利用显微镜（光学显微镜和电子显微镜）进行的形态学鉴定。

（二）血清学检验

依据动物的免疫应答反应机制，利用抗原和抗体之间的特异性结合现象研制的各种血清学试验试剂和方法，来诊断样品中是否有病原体或相应抗体的存在。主要方法包括中和试验、琼脂凝胶免疫扩散试验、血球凝集抑制试验、试管凝集反应试验、平板凝集反应试验、补体结合反应试验、间接血凝反应试验、对流免疫电泳试验、免疫荧光染色试验和过氧化物酶染色试验等。

（三）病理学检验

主要通过病理解剖、病理组织学检查，发现动物各器官组织的形态学变化，分析这些变化，进而对疫病作出诊断或为疫病的综合诊断提供科学依据。目前主要的方法是形态学鉴定，对组织进行切片，再利用显微镜（光学显微镜或透射电镜）进行鉴定。

第九节
定点存放、加工制度

一、定点存放、加工的认识

我国对高风险进境动物产品生产、加工、存放企业实施注册登记制度，注册企业按相关兽医卫生要求建立相应的防疫管理体系，经海关考核合格后方可加工、存放进境动物产品。定点存放、加工制度也是国际通行的做法，国际贸易中对动物产品携带的疫情疫病风险无法100%消除，特别是皮张、羊毛等动物产品，在原产国（地区）仅初级加工，而且在进口口岸无法完全卸货检查，但这些动物产品的后续生产工艺可大幅消除检疫风险。通过定点存放、加工制度，可有效避免未经加工的高风险动物产品入境后随意运输造成疫情疫病的扩散。

二、定点存放、加工企业的基本条件

（一）选址及环境要求

1. 企业生产、加工设施的选址、布局符合动物卫生防疫要求。《进出境非食用动物产品风险级别及检疫监管方式》中Ⅰ级检疫风险的进出境非食用动物产品生产、加工、存放企业还应满足：企业选址应远离动物饲养场、兽医站、屠宰厂和水源等，以厂区或库区为中心半径1千米范围内没有饲养家畜、家禽。

2. 企业应有围墙，厂区布局合理，加工存放区和生活区须分开。加工存放区按产品进厂、原料存放、深加工等工艺流程单向布局，物流方向应遵循从污染区到非污染区的原则。

厂区环境应保持干净、整洁，物品堆放整齐，有专门垃圾存放场所和杂物堆放区。

3. 厂区路面应硬化，加工车间和库房等墙面、地面应不渗水、不积水，易于清洗消毒。

（二）防疫消毒设施及设备要求

1. 《进出境非食用动物产品风险级别及检疫监管方式》中Ⅰ级检疫风险的进出境非食用动物产品生产、加工、存放企业：加工存放区入口处，人员与车辆通道应分设；车辆进出通道须设置与门等宽、长度不少于4米、深度不低于0.2米的消毒池，或其他等效设施；人员进出通道应设置与门等宽，长度不少于2米的消毒池（垫）。工作人员和车辆凭证经此进出，无关人员和车辆不得随意进出。

2. 原料库的出入口和加工车间的入口处应设有与门等宽，长度不少于2米的消毒池（垫）。

3. 原料库应设更衣室，配有与防疫消毒员数量相适应的更衣柜、消毒杀菌装置、洗手消毒设施、带锁的防疫消毒药品和器械存放柜。日常衣物和工作服应分柜放置。

4. 加工存放区应设更衣室、盥洗室和浴室。更衣室应配有消毒杀菌装置，与工作人员数量相适应的更衣柜，日常衣物和工作服应分柜放置；盥洗室内应有洗手消毒设施、防护用品、清洗消毒的设备。

5. 接触原料的工作人员应配备工作服、工作鞋、帽、手套、口罩等必要的防护用品，并有相应的清洗消毒设施。

6. 配备与加工存放动物产品类别、加工存放能力相适应的防疫消毒器械和防疫消毒药品，并存放在专人保管的专用存放场所。

7. 配备必要的突发疫情应急处置设施和物资。

8. 涉及环保要求的，须提供县级或者县级以上环保部门出具的环保合格证明。

9. 须有对进境非食用动物产品包装物或铺垫材料、加工过程中产生的下脚料与废弃物等进行无害化处理的设施。

10. 存放仓库及加工车间有防火、防盗、防鸟、防虫、灭鼠设施。

11. 具有与其加工能力相适应的加工设备，有经检疫审核符合兽医卫生防疫要求、经过加工能使疫病传播风险降低到可接受水平的加工工艺及设施。

12. 具有专用存放库，库容量应与生产加工能力相适应。仓库应有与产品储存要求相适应的温度保持系统，必要时应建有冷库。

13. 厂区显著位置设立防疫知识宣传栏。

（三）规章制度及措施

1. 成立以单位主要负责人任组长的兽医卫生防疫领导小组，明确职责，制定相关管理制度。

2. 建立防疫处理制度，包括对进境皮毛包装物、铺垫材料和加工过程中产生的下脚料、废弃物等进行防疫处理所用药物名称及浓度，负责及操作岗位或人员，处理操作程序等。

3. 建立进出境非食用动物产品出入库登记及加工登记制度。

4. 建立检疫处理药物管理制度，包括采购、存放保管、使用、回收等。

5. 建立人员管理制度，包括出入人员登记、人员防护、员工培训及体检等。

6. 制定详细的疫情应急处置预案。

7. 有防火、防盗、防鸟、防虫、灭鼠等安全保障制度。

（四）日常管理及相关记录

1. 进境非食用动物产品流向记录，包括出入库记录、加工记录、下脚料流向记录等。

2. 非食用动物产品与车辆防疫处理记录，包括非食用动物产品与车辆入场时防疫处理记录、入库时的防疫处理记录等。

3. 非食用动物产品包装物、铺垫材料和加工过程中产生的下脚料、废弃物的防疫处理记录，场地日常防疫处理等记录。

4. 药物使用及管理记录，包括采购、存放保管、使用、回收等记录。

5. 员工体检及培训记录。

6. 有防火、防盗、防鸟、防虫、灭鼠等措施的落实记录。

第十节
检疫处理

一、检疫处理的认识

检疫处理，是动植检部门对违规入境或经检验检疫不合格的进出境动植物、动植物产品和其他检疫物，采取除害、扑杀、销毁，不准入境、出境或过境等强制性措施，是动植检把关的重要环节，是防范外来有害生物和疫情疫病传入传出的必要手段，直接关系到把关有效性、农业生产安全、生态环境安全和外贸发展。检疫处理是官方行为或官方授权行为，是法律、法规制约的行为，必须按一定的程序实施。

二、动物产品的检疫处理

（一）除害

通过物理、化学和其他方法杀灭有害生物，包括熏蒸、消毒、高温、低温辐照等。

（二）销毁

采用化学处理、焚烧、深埋或其他有效方法，彻底消灭病原体及其载体。

（三）退回

对尚未卸离运输工具的不合格检疫物，可用原运输工具退回输出国（地区）；对已卸离运输工具的不合格检疫物，在不扩大传染的前提下，由原入境口岸在检验检疫机构的监管下退回输出国（地区）。

（四）截留

对旅客携带、邮寄入境的检疫物，经现场检疫认为需要除害或销毁的，签发《留验/处理凭证》，作为检疫处理的辅助手段。

（五）封存

对需进行检疫处理的检疫物，应及时予以封存，防止疫情扩散，这也是检疫处理的辅助手段。

第五章

国际动物产品生物安全的风险管理

CHAPTER 5

第一节
世界动物卫生组织

◇————

一、世界动物卫生组织（WOAH）简介

世界动物卫生组织（WOAH）创建于 1924 年 1 月 25 日，总部设在法国巴黎，截至 2023 年 7 月有 182 个成员。世界动物卫生组织也称"国际兽疫局"，其英文名称为 World Organization for Animal Health，法语名称为 Office international des épizooties，一直以来采用法语简称 OIE。2022 年 5 月 31 日，世界动物卫生组织发布公告，将其英文首字母缩写由原来的"OIE"正式更改为"WOAH"，同时还公布了其新的职能、身份和标识，使其关键任务更加清晰，并称将继续以改善全球动物和兽医公共卫生以及动物福利状况为服务宗旨，更安全和可持续地改善世界动物健康，确保民生得以改善、经济得以提振。

WOAH 作为一个国际性的动物卫生技术组织，主要职能是：收集并通报全世界动物疫病发生发展情况及相应控制措施；促进并协调各成员加强对动物疫病监测和控制的研究；制定动物及动物产品国际贸易中的动物卫生标准和规则。

WOAH 制定并出版的《国际动物卫生法典》，不但是动物及动物产品国际贸易中世界各国（地区）应当遵循的动物卫生标准，也是整个动物疫病防治的国际标准。《国际动物卫生法典》既是 WOAH 多年工作的成果，也是各成员方最高兽医卫生行政当局一致意见的体现。加之世界贸易组织（WTO）将 WOAH 的标准、准则和建议列为 SPS 协定的标准、准则和建议，因此，《国际动物卫生法典》在全世界范围内具有权威性。

WOAH 制定的国际规则中，涉及动物检疫的规定主要包括动物和动物产品进出口程序、风险分析、兽医职业道德和国际动物卫生证书几个方面。

二、世界动物卫生组织（WOAH）对动物检疫的规定

《国际动物卫生法典》中关于检疫的定义，是指在兽医部门监督之下，使动物完全保持隔离、不与其他动物有任何直接或间接接触，以便进行一段时间的观察，必要时需作试验和治疗。这一概念主要适用于两种情况，一种是进出口贸易中，动物在启运地（特定的动物隔离场所）进行一定时间的隔离观察，合格的签发国际动物卫生证书准予出入境。到达目的地后也要进行一定时间的隔离观察，合格的凭证签章放行；另一种情况是发生疫情时，对疫点和/或相关区域的动物实施一定时期的隔离、封锁，以防止疫病传播、扩散。边境口岸和检疫站必须根据国际交通运输量和流行病学情况设置兽医机构，包括配备人员、设备、场所，以便进行：①临床检查，从活畜采集诊断用标本材料，采取患病或疑似患病动物尸体及怀疑污染的动物产品样品；②检查并隔离患病或疑似患传染病的动物；③对运输动物和动物产品用的车辆进行消毒，需要时进行杀虫处理。另外，各口岸和国际空港最好配备对泔水或其他对动物健康有危险的材料进行灭菌或焚烧的设施。

三、世界动物卫生组织（WOAH）须通报的动物疫病名录

WOAH须通报的动物疫病名录是世界动物卫生组织为了防止包括人畜共患病在内的重要动物疫病的跨境传播，增强动物疫情信息的透明度、及时性和一致性，收录在《陆生动物卫生法典》和《水生动物卫生法典》中的传染性疫病，各成员方一旦发现或怀疑出现疫情，应根据法律法规立即报告兽医当局。WOAH每年召开世界代表大会，更新须通报的动物疫病名录。须通报的动物疫病名录分为陆生动物疫病名录和水生动物疫病名录。

列入须通报的动物疫病名录的病种同时需要满足以下4条标准：

（1）证实病原为国际性传播（通过活动物、动物产品、媒介或污染物）；

（2）依据动物卫生监测条款，至少一个成员已经证明在易感动物中无疫或接近无疫；

（3）已具备可靠的检测和诊断方法以及准确的病例定义准确鉴别病例，并能与其他疫病相区别；

（4）已证实存在人畜间自然传染，且人感染有严重后果，或考虑临床发病率和严重性，包括直接生产损失和死亡率，在某些国家或地区已对家畜健康产生严重影响，已显示或有科学证据表明会对野生动物健康状况有严重影响，并对野生动物群生存造成威胁。

WOAH 通过世界动物卫生信息系统（WAHIS）发布动物疫情信息，通过不断调整完善疫病通报工作，升级更新系统，建立透明的动物疫情动态信息体系，以利于各成员方控制重要动物疫病、人畜共患病的跨境传播。近十余年来，WOAH 对须通报的动物疫病名录进行了持续的科学的动态调整。2005 年，WOAH 取消了 A 类和 B 类疫病名录分类，统一为目前的须通报陆生动物和水生动物疫病名录。2021 年公布的 WOAH 陆生动物疫病名录共分为九大类 90 种传染病，其中人畜共患病 25 种，牛病 12 种，羊病 11 种，马病 11 种，猪病 6 种，禽病 14 种，兔病 2 种，蜂病 6 种，其他类 3 种。2021 版 WOAH 水生动物疫病名录共分为四大类 30 种传染病，其中鱼病 10 种，软体动物 7 种，甲壳类动物 10 种，两栖动物 3 种。

四、世界动物卫生组织（WOAH）关于动物产品进出口涉及的动物检疫要求

（一）运输方面

WOAH 在《国际动物卫生法典》的运输建议中规定，动物及动物产品的消毒、杀虫及其他必要工作的目的是避免一切解释不清的麻烦及防止对人和动物健康的危害；防止火险；防止损害运输工具或其他设施；尽可能防止损害动物产品、精液、胚胎/卵、种蛋、蜜蜂巢及运输动物的饲料和押运员行李。

各国（地区）兽医部门应为承运者出具证书，说明对所有交通工具所采取的措施、交通工具被处理的部分、所用的方法以及采取措施的理由。同时，兽医部门还应根据要求出具证明动物及动物产品到达港口日期的证书，向托运人或出口商、收获人和承运人或其代理商证明所采取措施的证书。动物或动物产品在出境前，边境口岸所在地的港口、机场或地区兽医当局认为有必要时可进行一次检查，安排检查的时间和地点须考虑海关和其他手续，以免妨碍或耽误出境时间。当出现下列情况时，兽医当局应采

取必要的措施：①该批动物或动物产品感染或怀疑感染 WOAH 须通报的动物疫病名录所列疫病或其他传染病时，应禁止装运；②防止媒介昆虫或病原进入交通工具。

由此可知，动物和动物产品在进出口过程中，各国（地区）兽医当局必须对进出口的动物和动物产品进行检疫，以防止动物疫病随动物和动物产品的运输而传播，从而保护人和动物的身体健康和食品质量安全。

（二）离港前和离港时适用的动物卫生措施

各国（地区）只能在其管辖区域内，由原产地地区兽医当局官方控制的，在无疫区（相关动物易感的某种疫病）的精液采集中心、采集单位或农场的精液、胚胎/卵和种蛋等出口动物产品。出口之后，如果原产场所、采集中心或市场的动物，在潜伏期内发生了某种 WOAH 须通报的动物疫病名录所列疫病，出口动物、精液、胚胎/卵或种蛋的国家（地区）应通知目的地国家（地区），必要时还应告知过境国（地区）。

针对动物、蜜蜂、精液、胚胎/卵、种蛋及蜜蜂巢脾，官方兽医应在装运前 24 小时内提供与 WOAH 认可格式一致的、用出口国（地区）和进口国（地区）协商同意的语言书写的国际兽医证书，必要时还要应用过境国（地区）语言书写。

各国（地区）只能授权从其管辖区域出口适合人消费的供人食用的肉品及动物源性产品，并须携带与 WOAH 认可的格式一致的及用出口国（地区）和进口国（地区）协商同意的语言书写的国际兽医证书，必要时还要应用过境国（地区）语言。动物饲料用或药用或工业用的动物源性产品应附有与 WOAH 认可的格式一致的国际兽医证书。

（三）从出口国（地区）出境地抵达进口国（地区）入境地过境期间适用的动物卫生措施

1. 对动物产品的过境规定

精液、胚胎/卵、种蛋、蜜蜂巢脾、动物产品等需要过境时，而过境国（地区）也允许进口这类产品，符合下列条件下不应拒绝过境：

（1）必须向管辖边境口岸的兽医部门通报过境计划，过境通报应包括产品种类和数量、运输方式及根据日程安排在过境国（地区）出入境的边境口岸。

（2）若经检验表明上述产品对人或动物健康有危险，过境国（地区）兽医当局可责令其退回出口国（地区）。如果不能退回，应立即通知出口国（地区）的兽医行政管理部门，为在产品销毁之前提供机会证实情况。

（3）用封闭式车辆或集装箱运输本条所提的产品时，不必采用严格的卫生措施。

2. 对装载动物和动物产品运输工具的过境规定

船舶驶往另一国（地区）港口或途中停靠，或通过某国（地区）境内的运河或其他航道时，必须遵守兽医行政管理部门的要求，要特别防止昆虫传播疫病的危险。如果碰到船长或机长权限以外的原因，轮船或飞机要在港口或机场之外的某地或在非正常停靠或者陆的港口或机场停靠或着陆时，船长或机长须立即通知离靠岸港口或着陆地最近的兽医行政当局或其他公共事业当局。兽医当局一旦得到靠岸或着陆地的通报，须采取适当措施。除遇紧急情况时，船上或飞机上的动物及押运员不允许离开锚地或着陆地附近，任何设备、垫料或饲料不允许搬出。在采取兽医当局指定的措施后，可允许轮船或飞机行进到正常停靠或降落的港口或机场进行卫生处理，或者由于技术原因不能进行时，则可去更合适的港口或机场进行。

3. 进口国（地区）的边境口岸和检疫站

各国（地区）及其兽医行政管理部门，只要有可能，须采取必要措施，确保其境内边境口岸和检疫站机构健全、设施完备，以执行《国际动物卫生法典》推荐的各项措施。每个边境口岸和检疫站必须配备动物饲养及饮水设施。边境口岸和检疫站必须根据国际交通运输量和流行病学情况设置兽医机构，包括配备人员、设备、场所，以便进行：①临床检查，从活畜采集诊断用标本材料，采取患病或疑似患病动物尸体及怀疑污染的动物产品样品；②检查并隔离患病或疑似患传染病的动物；③对运输动物和动物产品用的车辆进行消毒，需要时进行杀虫处理。另外，各口岸和国际空港最好配备对泔水或其他对动物健康有危险的材料进行灭菌或焚烧的设施。

在国际贸易中要求商品过境时，应尽快提供设有直接过境区的机场。过境机场及过境区应符合兽医行政管理部门的要求，特别要防止昆虫传播疫病的危险。每个兽医行政管理部门须按要求向 WOAH 及有关国家（地区）提供：①在其管辖区域批准国际贸易用的边境口岸、检疫站、屠宰场和储藏库名单；②通知动物计划入境的日期；③管辖区域内安排直接过境区的机场名单。

（四）到达时进口国（地区）入境地适用的动物卫生措施

1. 精液、胚胎/卵、种蛋及蜜蜂巢脾等到达时适用的动物卫生措施

进口国（地区）只应接受携带国际兽医证书的精液、胚胎/卵、种蛋及蜜蜂巢脾进境。进口国（地区）就上述产品计划入境的日期可要求适当提前获得通知，通知还应说明产品种类、数量、性质及包装，以及所使用边境口岸的名称。有关国家（地区）认为出口国（地区）或日程中安排的前一过境国（地区）存在这些产品能传播的疫病时，进口国（地区）可禁止这些动物产品进口。如果上述产品在边境口岸没有携带符合进口国（地区）要求的国际兽医证书时，进口国（地区）可禁止这些产品进入境内。遇到这种情况时，必须立即通知出口国（地区）的兽医行政管理部门，产品可以退回出口国（地区），或置隔离检疫场，和/或就地销毁。

2. 可食用动物源性肉品和产品到达时适用的动物卫生措施

进口国（地区）只能接受适于人类消费并携带有效国际兽医证书的可食用动物源性肉品和产品进境。进口国（地区）对可食用动物源性肉品或产品计划入境的日期可要求适当提前得到通知．通知还应包括肉品或产品的性质、数量和包装及所用边境口岸的名称。然而，如果货物检验证明供人食用的动物源性肉品或产品对人或动物健康有危险或国际兽医证书不正确、或证物不符时，进口国（地区）的兽医当局可要求退回，或要求适当处理，确保其无害。当产品不予退回时，应立即通知出口国（地区）的兽医行政管理部门，以便有机会核实情况。

3. 动物饲料用、药用或医用、工业或农业用动物源性产品到达时适用的动物卫生措施

进口国（地区）只能接受携带出口国（地区）有关兽医当局签发的国际兽医证书的动物饲料用、药用或医用、工业或农业用的动物源性产品入境。进口国（地区）对动物饲料用、药用或医用、工业或农业用动物源性产品的计划入境日期可要求适当提前得到通知，通知附有产品性质、数量和包装及所用边境口岸名称的信息。当进口国（地区）认为出口国（地区）存在能被这类产品传播的疫病时，可禁止动物饲料用、药用或医用、工业或农业用动物源性产品入境。如果出口国（地区）存在这类疫病，过境国（地区）也可禁止其过境，但用密封交通工具或集装箱运输的除外。当检查国际兽医证书并确定准确无误时，应允许上述产品进口。进口国（地区）可要求把动物饲料用、药用或医用、工业或农业用的动物源性产品发运至经兽医行政管理部门批准并在其监督下的场所。如果经检验证明该产品能危害人或动物的健康，或者国际兽医证书不正确，或者证物不符，进口国（地区）的兽医当局可将产品退回出口国（地区），或进行安全处理。若不退货，必须立即通知出口国（地区）兽医行政管理部门，以便有机会核实情况或纠正证书。

4. 运输工具到达时适用的动物卫生措施

当运输已感染某种 WOAH 须通报的动物疫病名录所列疫病动物的交通工具抵达某一边境口岸时，就应认为此交通工具已被污染，兽医当局须采取以下措施：卸货并立即将动物用防渗漏的交通工具直接运到经兽医行政管理部门批准的动物屠宰及动物销毁或灭菌的场所或隔离检疫站，如没有隔离检疫站，则运到事先指定的边境口岸附近隔离良好的地方。卸货后立即将垫料、饲料及其他可能的污染材料运到事先指定的场所进行销毁，并实施进口国（地区）要求的严格的卫生措施。押运员的行李及运输、饲养、饮水、搬移或装卸动物用的工具各部分都应进行消毒。如果是昆虫传播的疫病，则应进行杀虫处理。

运输怀疑患有 WOAH 须通报的动物疫病名录所列疫病动物的运输工具抵达边境口岸时，就应认为交通工具已被污染，兽医当局也可采取上述措施。当已采取了兽医当局规定的措施后，可认为交通工具已不再被污染，即可允许入境。紧急情况下，港口或机场不得以动物卫生理由拒绝轮船靠岸或飞机着陆。然而，靠岸轮船或着陆飞机须采取口岸或机场兽医当局认为必要的动物卫生措施。运载动物或动物产品的飞机，不能因为在疫区的非感染机场着陆过，就认为是来自疫区。若动物及动物产品没有卸下，可视为直接过境。从存在昆虫传播疫病的国家（地区）来的飞机着陆后应立即进行杀虫处理，在起飞前立即进行或在飞行中进行杀虫处理的除外。

五、小结

WOAH 关于动物及动物产品检疫的建议的提出，在于动物运输过程中可能造成动物疫病的传播，其建议相当于 WOAH 的动物及动物产品检疫制度。WOAH 动物检疫制度的内容包括动物及动物产品检疫的定义、在动物和动物产品进出口程序中涉及到的动物检疫要求、兽医职业道德和国际兽医证书的出证及格式等多方面的内容，其目的都是为了促进贸易，防止因动物及动物产品的运输造成疫病传播。我国作为 WOAH 的成员方，政府在制定法律规范、技术法规和标准时，应参照 WOAH 的定义，并与其相一致。

第二节
美　国

◇

　　美国非常重视进口动物产品的管理，制定了一套覆盖动物产品原料生产至产品消费全过程的进口动物产品监管机制。特别是 2011 年实施的《食品安全现代化法案》，对进口动物产品提出了更多更严苛的要求。

　　美国的进口动物产品由联邦政府监管，涉及部门及分工与国内动物产品类似。食品安全检验局（FSIS）负责监管进口肉、禽及加工蛋品等；农业部动植物卫生检验局（APHIS）负责进口动植物检疫；食品药品监督管理局（FDA）负责监管其他动物产品。美国海关及边境保卫局则与上述联邦管制机构合作，确保所有货物在进入美国时符合美国法律条例的要求。

　　FDA 对进口婴儿配方食品、奶以及牡蛎等活海鲜实施许可证管理，并对所有进口食品生产企业实施注册及不定期现场检查。所有的进口食品在进入美国时，都要在关口接受 **FDA** 的抽查。**FDA** 在各进口食品生产国（地区）设置了许多办事处，并常驻有食品检验官员，负责对进口食品生产企业的检查。《食品安全现代化法》颁布后，**FDA** 实施了一系列加强进口食品监管的措施，包括要求企业实施风险控制措施、加强企业的注册管理、加强对企业的检查频率、实施境外供应商审核计划、自愿合格进口商计划、强化进口食品预通报、强化口岸检查、加强与第三方及出口国（地区）的合作等。

　　FSIS 对其管辖的肉、禽、蛋等产品实施进口许可。通过派官员到拟进口肉类和禽类动物产品到美国的企业进行现场检查，以确保其达到美国的相关标准与要求；符合要求的，方可允许向美国出口，并公布有关企业的名单。进口农产品在入关前还要进行检测，合格的方可入关。检测不合格的，进口商召回到出口国（地区）。如果在入关后发现不合格的，农业部将予以销毁。

一、进口前监管措施

（一）检疫许可

对于具有检疫风险的产品，美国要求需获得检疫许可。

（二）企业注册

《美国联邦食品、药品和化妆品法案》规定，生产/加工、包装或储藏在美国消费的人类动物产品或动物饲料的国内或国外设施的所有者、经营者或负责的代理商或由他们授权的个人，必须向主管部门登记其设施。登记有效期2年。国外设施在登记时，必须指定一个美国代理人（如设施的进口商或经纪人）。登记资料可以以纸质或电子形式提供，5年后需以电子版形式提供。申请登记资料信息包括设施和公司的名称、地址和电话号码，所有者、经营者或者负责的代理商的名称、地址和电话号码，该设施适用的动物产品种类，证明该提交信息真实和准确的申明。需要指出的是，美国的企业注册制度仅为企业信息的登记，登记前无须检查。

（三）企业检查

每年均会派遣大量官员赴境外检查，加强对境外企业的检查也是《食品安全现代化法》的重要内容。根据该法要求，FDA应在该法颁布之日起的第1年内检查不少于600家境外企业，随后5年每年检查企业数量不得少于上一年的两倍。即第二年至少检查1200家，第三年至少检查2400家，以此类推，到第六年至少检查19200家，即6年之内共检查不少于37800家输美动物产品企业，检查比例将占所有境外企业数量（FDA 2007年公布数据18.9万家）的20%以上。拒绝检查的企业所生产动物产品不准进入美国。

（四）境外供应商验证

要求进口商/进口代理商必须开展基于风险的境外供应商验证活动，

以证明其进口的动物产品符合美国动物产品安全要求、未掺假或错误标识。验证活动可以是：监控发货记录、逐批合格证明、年度现场检查、核查境外供应商的危害分析和基于风险的预防控制计划、对货物定期抽样检测等。未制定和执行境外供应商验证计划的进口商将被禁止进口动物产品。同时，专门制定指南，以帮助进口商制定境外供应商验证计划。

（五）自愿合格进口商计划

该计划由进口商自愿提出申请，由 FDA 审核，审核通过的进口商将获得快速检查和通关优惠。申请者进口的动物产品必须来自经美国认可的第三方审核并签发证书的动物产品企业，并在进口时随附该证书。FDA 在审核时考虑因素主要包括：已知的进口动物产品的风险；境外供应商的历史符合情况；出口国（地区）官方体系能力；执行境外供应商审核计划情况；记录保存、检测、制造商检查和评审、动物产品可追溯性、温度控制和进口商的采购途径；动物产品蓄意掺假的潜在风险；其他因素。

二、进口时监管措施

（一）提前通报

动物产品在到达口岸前 5 天内必须通过海关与边境保卫署（CBP）的自动贸易系统（ABI/ACS）或者 FDA 的提前通报系统（PN）进行通报。预通报的最后时间为公路运输到达前 2 小时；空运或者陆路铁路到达之前 4 个小时；水运到达之前 8 个小时。通报内容包括提交者的身份识别信息，传送者的身份证明，报关种类和 CBP 标识，动物产品类型的标识，制造商的身份识别，种植者身份识别，动物产品生产国（地区），托运人身份识别，动物产品货物的托运国（地区），预计到达地点，日期和时间，进口商、所有者和最终收货人的身份识别，承运人身份识别和运输方式等信息，以及进口动物产品被其他国家（地区）拒绝入境的历史信息。货物到达口岸时需出示提交通报表格时系统生成的通报确认件。如应提前通报而未通报的货物到达时可能被拒绝入境并被扣留在港口或其他指定场所。

（二）产品证书

要求高风险进口动物产品随附相关证书，以证明该动物产品符合美国动物产品相关法律法规标准。要求特定品种如活鲤鱼、活金鱼和鲶鱼产品等须获得出口国（地区）官方签发的健康证书。

（三）分级查验

根据进口动物产品的已知安全风险、动物产品原产国或者原产地以及动物产品过境国（地区）的已知安全风险、进口商遵守法规的记录、进口商遵守境外供应商核查计划情况、进口商参与自愿合格进口商计划情况、进口动物产品符合美国安全标准情况、动物产品及生产企业获得相关证书证明情况以此确定进口动物产品的查验方式和比例。根据上述要求，对进口动物产品采用直接放行、抽样查验、自动扣留 3 种查验模式。对于低风险或附有相关证书的产品可能直接放行。对于低风险动物产品，抽查比率一般为 3%～5%，未被抽检的产品可直接放行；抽中的产品必须检测合格后才能办理下一步通关手续。抽检费用由官方承担。被官方抽检的货物，未得到进一步通知前，货主或其代理不得擅自卸载或销售。如果抽查的样品不合格，该批产品将予以"扣留"处理。而对于违规可能性较大的产品，美国则实施批批检验的"自动扣留"措施。"自动扣留"可以以相关资料、违规历史数据、企业检查等为依据，实施对象可视违规情况的性质及严重程度灵活确定，如针对出口国家（地区）所有相关企业，针对特定企业，针对出口商、承运商、进口商等。实施"自动扣留"的进口产品必须经官方认可的实验室进行批批检测，所有相关费用由进口商承担。

几种主要的动物产品口岸检疫具体措施如下：

（1）进境食用类动物产品检疫。进口动物产品需向 APHIS 申请进口许可证，进口的动物产品还应随附出口国（地区）出具的健康证书。美国禁止口蹄疫、牛瘟等疫病流行的国家（地区）鲜肉和冻肉输入。在进口动物肉类和禽肉方面，APHIS 与 FSIS 有密切配合。产品到达口岸时，由 APHIS 的口岸办公室人员通过电子系统查验证书、货物种类和总量、货物来源等信息，并根据货物情况填写处理单，例如，对来自口蹄疫疫区的熟制产品，填写 PJT 检验表提供给 FSIS，并同时采样送 FSIS 进行 PJT 检验，待检验合格后放行；来自口蹄疫疫区的肉类等动物产品到达口岸时，由 APHIS 的口岸检验官对产品装运箱加封贴，随后将产品直接转运到 FSIS 在口岸的冷藏设施，由 FSIS 负责进行口岸检验。凡来自口蹄疫、新城疫、古典猪瘟、非洲猪瘟疫区的动物产品须经彻底的病毒灭活防疫处理后方可进口，疯牛病国家或地区的反刍动物产品不得进口。

（2）进境非食用动物及动物产品检疫。确定货物信息，通过航空运单或提单、报关手续、发票、发货人及代理形式、许可决定材料来确定货物为活动物或动物副产品；确定动物及动物产品的进境条件，确定其是否符合进境具体检疫规定，如对进境许可证、进口卫生证书的要求等；检查许可证及相关证书；检查货物并核实其是否与有关文件描述一致，如果重大差异或所附文件丢失，拒绝入境；抽样检测，在动物及动物产品进口的同时确保外来动物疫病没有传入美国；检查动物或动物产品中是否存在有害生物；采取检疫措施，如禁止进境、扣留并进行处理、监管运输、检查放行等；备案，把采取的检疫措施按规定格式记录，存档备查。

（3）进境动物源性生物材料检疫。美国农业部（USDA）对本国和输美生物制品相关企业都实施注册管理，对相关的生物制品也需要注册。对一些进口的生物制品要求许可。

（四）合格验放

检查合格后签发"放行通知"（Release Notice），凭该通知方能办理通关手续。"放行通知"包括 3 种类型："直接"放行（Straight Release），通常是在对已发布取样通知书的货物抽样检验合格后放行；免检放行（Release without Examination），当按 FDA 取样通知书取样的样品无法检验时，签发"准予免检放行，无须 FDA 对该进口商进行责任审查"；意见性放行（Release with Comment），当遇到不完全符合进口法案要求但其违规不足以行使扣留的进口申请时，可以予以"意见性放行"。

（五）不合格处理

如在口岸抽检中发现产品违规，将签发"扣留与听证通知书"，允许进口商在 10 天内提出书面或口头反证。如证实产品合格，将允许产品入境，并承担相关费用。如进口商未提出反证或未在规定时间内提出反证，产品将作不合格处理。对于不合格产品，进口商可以申请进行合规化处理，或者申请通过处理使产品移出 FFDCA 的管辖范围。由此产生的所有费用，包括监管人员的差旅、个人津贴或补助、以及监管费用等均由进口商承担。官方在进口商的申请同意书中，一般会规定再处理的货物中的任何未获准进入部分（不合格产品）应当被销毁而不准运返出境。经同意处理后的产品符合要求后，官方会允许放行。对于最终判定不合格的产品，官方将会签发"拒绝入境"通知书。不合格动物产品必须在收到"拒绝入境通知"后 90 天内，或在 CBP 指定的宽限期内，在 CBP 的监督下销毁或返运出境。

（六）保证金

美国设立了保证金制度。所有有条件放行的申请进口的货物需签订保证书。如果保证金持有人不履行由 CBP 章程所认定的协议下的条款，则视为违约，需要支付保证书中所规定数量的违约罚金。

三、进口后监管措施

（一）记录保留和溯源

根据《美国联邦食品、药品和化妆品法案》要求，从事动物产品生产、加工、运输、储存、分销及进口的从业者必须保留相关记录 2 年以上，该记录应能明确显示动物产品的来源及流向，以便在发现问题时能及时追踪。

（二）风险监控

美国有两大残留监控计划，分别为 FSIS 针对肉、禽、蛋产品中农兽药残留制订的国家残留监控计划（NRP）和 FDA 针对肉、禽、蛋以外的其他动物产品的农药残留监控计划（RM）。NRP 从 1967 年起开始推行，包括国内和进口残留抽样程序两大部分。国内残留抽样程序由监控计划、特别计划、监督抽样、强制检验等环节组成。进口残留抽样程序包括监控、增加监控、监督和探索检验，进口港对肉、家禽和蛋产品进行残留检验的随机取样，必须根据 FSIS 每年编制的进口残留程序进行。RM 自 1987 年起执行，由 FDA 编制，由 FDA 和 USDA 共同实施。其中前者负责对进口和国内市场上的农副产品、加工动物产品中农药残留进行监测；后者负责畜禽产品、水产品和农产品产地农药残留监测，并负责组织农副产品农药残留情况调查，列出不同时期残留监测重点。美国残留监控的结果通过 FSIS 年度国家残留计划（NRP）的结果报告和 FDA 农药残留监控计划的结果报告形式进行公布。当残留监控中出现阳性结果时，为保证残留危害信息的及时传递，FSIS 和 FDA 建立了残留危害信息系统（RVIS）。

(三) 风险预警

美国建立了进口动物产品的自动预警系统，协助 FDA 和 FSIS 对有问题的货物以及被列入自动扣留措施（DWPE）名单的货物进行评估和识别。通过 FDA 的进口产品操作和管理系统（OASIS）同海关的自动贸易系统（ACS）的联网，使得 FDA 可以对每一批监管的进口货物进行快速及时的处理，进口货物信息通过 ACS 系统输入至 FDA，该系统同时向 FDA 提供关于该货物的相关信息，包括潜在的问题、历史记录等，同时系统会自动保存新的记录，FDA 将在几分钟后作出放行、抽检或扣留等决定。

(四) 不合格产品召回

美国对于进口动物产品的国内监管主要由 FDA 和 FSIS 负责。同时，各州政府部门参与本辖区内进口动物产品的安全管理。对于不合格动物产品，必须进行召回处理。动物产品分为三级：第一级是最严重的，消费者食用了这类产品将危害身体健康甚至导致死亡；第二级是危害较轻的，消费者食用后可能不利于身体健康；第三级是一般不会有危害的，消费者食用这类动物产品不会引起任何不利于健康的后果。召回可以在批发层，用户层（学校、医院、宾馆和饭店）、零售层，也可能在消费者层次。召回遵循严格的法律程序，其主要步骤包括：企业报告、FSIS 或 FDA 评估、制订召回计划和实施召回计划。

四、美国管理模式的可借鉴之处

(一) 网络技术应用广泛

美国 APHIS 总部能通过网络及时发布各项指令，能够保证在 24 小时内全国政策的一致性，充分体现了法规的强制性；各执法人员通过指令进入网络，能及时了解每批货物的检验检疫结果（与实验室联网），了解证单情况，根据电脑指令依法对货物作出处理决定，效率非常高；同时，A-PHIS 所建立的互联网站较完善，信息量大，提高了政策的透明度，促进了贸易的开展，加强了检验检疫政策的宣传。

(二) 检疫政策科学

美国在制定有关动物检疫政策时，一般也是采用风险分析和评估的方法，在制定具体检疫措施时充分体现其科学性，表现在：加强兽医服务与防疫体系的认可，严格禁止从存在严重动物疫病（该病在美国不存在或已经根除）的国家（地区）进口动物，但是允许进口传播疫病风险很低的相关动物产品，例如来自口蹄疫国家（地区）的熟制肉类；进口动物主要检疫项目是列入美国根除或控制计划的动物疫病。

（三）口岸旅检查验手段多样

美国 APHIS 在国际机场入境通道中显著位置设有专用查验通道，动植物检疫工作人员在国际机场通过核查申报单、口头询问、抽查（X 射线机和开箱检查）、检疫犬等手段对入境旅客携带物进行查验，抽查比率较高（70%~80%），对非本国居民，检查非常严格，具有很强的威慑作用。

第三节
加拿大

加拿大是一个联邦制国家，其政府分为 3 级：联邦政府、省政府及市政府。在联邦层次上，加拿大农业和农业食品部（AAFC）负责所有与农业相关的问题。AAFC 下设加拿大食品检验局（CFIA），主管加拿大的动物及动物产品检疫工作。此外，涉及动物及动物产品检疫工作的其他联邦部门还包括：农业及农业食品部下设的其他机构、卫生部、工业部、外交和国际贸易部、海关、税务署以及渔业和海洋部。

由于加拿大是联邦制国家，权责划分体制复杂。1867 年通过的《不列颠北美法案》第 95 条规定，与农业有关的管辖权应在联邦政府和省政府之间实现共享，即联邦政府和省政府对农业有共同管辖权。联邦占有优先地位，即如果出现冲突，则联邦立法高于省级立法。因此加拿大还拥有 10个省级农业部和 3 个地区农业部门。省级农业与农业食品部设有食品安全处，负责省内流通食品的质量监测检验。联邦和地方政府两级机构的基本职能为对农产品和食品实施"从田间到餐桌"全程质量控制。

一、加拿大食品检验局

在 CFIA 建立之前，加拿大共有农业和农业食品部、渔业和海洋部、卫生部、工业部 4 个部门参与食品检验工作。为应对频发的动物和食品安全危机事件，重建消费者对食品安全的信心，适应中央财政紧缩的困境，加拿大议会于 1996 年决定组建加拿大食品检验局，统一管理分散于加拿大农业和农业食品部、卫生部、工业部、渔业和海洋部的动物卫生、食品检验和动物/动物产品检验检疫工作。

加拿大食品检验局与加拿大卫生部这两个联邦政府部委之间的合作密切。加拿大卫生部保留了制定在加拿大国内销售的食品政策和安全以及营养质量标准的权力，同时负责评估加拿大食品检验局有关食品安全工作的效果；加拿大食品检验局负责制定动植物健康标准并负责相应的执法检查以及负责管理联邦一级注册、产品跨省或在国际市场销售的食品企业，并对有关法规和标准执行情况进行监督，实施这些法规和标准。

二、加拿大动物检疫的主要法律法规

授权 CFIA 的法律有 14 部，其中直接涉及动物检疫的法律有《动物卫生法》《加拿大农产品法》《肉品检验法》《鱼类检验法》《加拿大食品检疫署法》《农业及农业食品行政处罚法》6 部法律以及一系列的配套法规。

(一)《动物卫生法》

1990 年制定的《动物卫生法》规定了疫病和有毒物质的控制（规定疫病通报和采样），禁止事项，动物及产品进口和出口，国际援助，疫区和控制区，管理部门，检疫员和官员职责，封条，检查，搜查，没收动物和物品的处置，染疫动物处理及治疗，扑杀动物赔偿，收费、支出和成本，条例制定，违法与制裁，证据收集等内容。该法项下的《动物卫生条例》《疫病报告条例》《出口检疫和豁免证明条例》《关于在加拿大境内凭移动证运输某些单蹄类动物的规定》《某些反刍动物及其制品禁止进口法规》《不列颠哥伦比亚省鸟类（禽流感）扑杀补贴条例》《禁止进口草原犬和其他一些啮齿类动物的法规》《炭疽补偿条例》《狂犬病补偿条例》《扑杀动物赔偿条例》《孵化场禁止条例》等多项条例，从不同的角度规定了加拿大动物疫病防控措施。

(二)《加拿大农产品法》

《加拿大农产品法》规定了农产品的进出口和省际贸易，国家标准，等级评定，农产品的检查和等级划分以及公司登记和管理标准等项内容。该法项下与动物卫生有关的条例有：《乳制品条例》《蛋制品条例》《蜂蜜条例》《畜禽胴体分级条例》《蛋加工条例》和《产品加工条例》。《乳制品条例》规定了乳制品生产企业的注册，注册企业运转，乳制品的分级、检验、包装和标签以及乳制品的国际和省际间贸易等内容。《蛋制品条例》规定了蛋制品的分级、包装、标签和检验以及蛋制品的国际和省际贸易等内容。《蜂蜜条例》规定了有关蜂蜜的包装、等级和标签等内容。《畜禽胴体分级条例》规定了家畜家禽胴体等级和分级标准。《蛋加工条例》规定了冷冻、液态、干燥加工蛋的分级、包装、标签和检验，以及国际和省际间贸易。《产品加工条例》规定了加工产品的包装过程和包装物的标准，产品分级，进出口等项内容。

(三)《肉品检验法》

《肉品检验法》规定了肉品的进出口和省际间贸易，企业注册，注册企业动物和肉品检疫和动物屠宰和肉品加工标准等内容。《肉品检验条例》规定的内容包括：可食用肉类制品的标准和鉴定、企业注册、经营者执照、注册企业运转、包装和标签、检验、检疫、人道处理和屠宰食用动物、肉类产品贸易、与检疫有关的管理措施等。

(四) 其他法律法规

重要的法律法规还包括：《鱼类检验法》主要规定了有关鱼类产品和海洋植物检疫的内容；《鱼类产品检验条例》规定了加工鱼类产品检疫的内容；《加拿大食品检验检疫署法》规定了 CFIA 的成立、组织机构、职责、人力资源、权利和费用等内容；《农业及农业食品行政处罚法》是为执行《加拿大农产品法》《动物卫生法》以及《肉品检验法》等法律的行政处罚而制定的有关农业及农业食品行政处罚的法律。

三、动物产品的进出口检疫

为防止疫病传入，控制动物及物品进口至加拿大，加拿大农业和农业食品部部长可根据某国或某国的某一地区疫情的流行情况、上次疫情发生的时间、实施的监控计划、采取的防止疫病传入或蔓延的措施、阻止疫情蔓延的天然屏障和保障动物卫生的基础设施等标准，以书面形式决定某些国家或某些国家的某些地区为决定书中规定的疫病的无疫区。动物和动物产品进口到加拿大时，必须来自无疫区。

为了保护加拿大国内的动物源性食品安全，《肉品检验法》规定，进口到加拿大的动物产品，必须满足下列条件：经过出口国（地区）肉品检验体系的检验，且这些国家（地区）的肉品检验体系为加拿大认可；该动物产品的生产企业在加拿大注册；动物产品符合进口标准并按规定进行包装和标签。

此外，加拿大还对动物产品的进口进行了十分详细的规定，共分乳制品及蛋类，动物副产品、动物病原体及其他产品，原羊毛、原羊绒及鬃毛，动物皮张，动物腺体和器官，去骨牛肉，用于制胶的动物副产品，骨粉、动物粪便、动物下脚料、毛屑、垃圾及船舶垃圾，船舶储备物，猎获动物的尸体等十一项，并针对每项都提出了相应的检疫要求。

以进口到加拿大的受精禽蛋或蛋制品为例，其检疫内容为：查看进口者提供的由原产国（地区）官方兽医签发的原产地证书，证明该原产国或该原产国的某地区是无新城疫和鸡瘟的国家或地区，产地是美国的除外；查看该产品是否被盛装于干净的未受泥土或残余蛋液污染的容器中。

四、小结

保护加拿大的动物健康是加拿大食品检验局的一项重要职责，也是动物检疫工作的一部分内容。这项职责意味着为消费者提供安全的动物产品，并使加拿大的动物产品能够进入世界市场。动物健康计划涉及 3 个主要责任领域，一是通过控制药物饲料和兽医生物制剂等产品，来保护动物生产投入物的质量；二是为联邦注册机构以及相关产品的进出口制定了检验要求；三是为所有鱼类、海产食品联邦注册生产机构，以及与鱼类及海产食品加工有关的进口产品制定了检验要求。

第四节
欧　盟

━━━━━━◇━━━━━━

欧盟对动物产品的进口管理非常严格，要求必须满足 3 个条件：出口国（地区）是欧盟同意进口动物产品的国家（地区），出口企业必须经过批准同意，产品必须附带卫生证书。

一、进口前的管理措施

（一）对出口方动物产品安全管理体系的评估/认可

根据欧盟委员会（EC）No 854/2004 法规要求，对向欧盟出口动物和动物源产品的第三国（地区）实施核准制，只有经其批准的第三国（地区）才能向其出口动物和动物源产品。在核准第三国（地区）时，重点考虑因素包括：

1. 第三国（地区）关于动物源产品、兽药及饲料相关立法；

2. 第三国（地区）主管当局的权力、独立性、面临的监督；

3. 对执行官方控制职员的培训；

4. 主管当局可利用的包括诊断设施在内的资源；

5. 文件控制程序和控制系统的存在与执行；

6. 是否告知欧盟委员会及相关国际组织动物疫病的暴发情况；

7. 对动物和动物源产品进口的官方控制的运作及其程度；

8. 第三国（地区）可以提供符合或等同欧盟要求的保证；

9. 拟出口到欧盟的动物源产品的生产、制造、处理、存贮和分发的卫生状况；

10. 第三国（地区）产品投放市场的所有经验和实行进口监控的结果；

11. 第三国（地区）执行的公共监控的结果，特别是主管当局评估的结果，和主管当局按照公共监控收到的建议而采取的行动；

12. 已批准的所有人畜共患病控制计划的存在、实施和交流；

13. 已批准的残留控制计划的存在、实施和交流。

（二）进口动物产品生产企业的登记或注册

根据欧盟委员会（EC）No 854/2004 条例规定，只有经第三国（地区）主管机构批准，列入获准出口欧盟的企业名单中的生产加工企业才能向欧盟输入动物源产品。企业所在国（地区）主管机构应有相应的检验设施、处理权限，对企业进行监管，确保符合欧盟法规。当企业不能满足要求时，第三国（地区）主管机构必须有足够权力来阻止其向欧盟出口，欧盟委员会专家派员到第三国（地区）现场考察，检查规定是否落实。

（三）对进口动物产品生产国家（地区）和企业管理体系的检查

根据欧盟委员会（EC）No 854/2004 条例规定，欧盟委员会专家应在第三国（地区）进行官方监管以检验第三国（地区）的立法及执行系统是否符合欧盟要求，官方监管重点为：

1. 第三国（地区）的立法；

2. 第三国（地区）主管部门的组织形态、权力与独立性，他们所负责的对象，他们强化其可行立法的机构有效性；

3. 实施官方监管时对人员的培训；

4. 主管部门包括诊断设备在内的资源；

5. 根据主次区分的存档监管程序和监管系统的存在和运作；

6. 相关的动物健康、动物寄生虫病、植物健康及通报本委员会和其他关于国际动、植物疫病，疫情发起的国际团体的程序；

7. 对于进口动植物产品的范围与操作的官方监管；

8. 第三国（地区）能够达到欧盟基本要求的保证。

第三国（地区）出口欧盟动物产品满足欧盟监管要求的频率应按以下情况确定：

1. 出口至欧盟的产品的风险评估；

2. 欧盟立法的规定；

3. 从相关国家（地区）的进口额与进口性质；

4. 欧盟或其他检查团体的监管和检查结果；

5. 成员方的主管部门所做的出口监管和其他监管的行为结果；

6. 从欧盟食物安全主管机构或其他类似团体所获取的信息；

7. 从国际承认的团体如 WHO、WOAH 或其他地方所获取的信息；

8. 经查证，从第三国（地区）进口的活动物、活植物、饲料或食品导致疫病发生，并威胁健康；

9. 需要对第三国（地区）进行的调查或反映的其他特殊情况。

二、进口时的监管

（一）提前通报

欧盟委员会（EC）No 854/2004 条例规定，进口食品和饲料至少应在货物抵达的一个工作日之前通报货物到达时间与属性。对于动物源产品及某些特定的非动物源产品，必须提前通报。

（二）证书要求

欧盟委员会（EC）No 854/2004 条例要求运往欧盟的动物源性产品必须随附原版官方兽医卫生证书。欧盟从第三国（地区）进口指令 2000/29/EC 的附件 V 部分 B 列出的植物、植物产品及其他材料，必须附有出口国（地区）植物保护机构签发的植物检疫证书。进入欧盟之后，植物检疫证书会用植物护照替代。

（三）进口查验

根据欧盟委员会 97/78/EC 指令，每一批货物（动物产品）进入欧盟，须由边境检查站（BIP）进行官方兽医检查。批准的 BIP 名单及检查范围在官方公报公布。欧盟委员会的食品兽医办公室（FVO）对 BIP 进行检查。检查程序根据指令 97/78/EC 的要求，所有 BIP 的检查程序都相同，检查分三种形式：

1. 文件审查（documentary check）

对每批货物审核证书和材料，确认：证书是原件；第三国（地区）和企业经批准；证书格式与样本相符；有主管机构、兽医官员签名；对该国（地区）的保障措施。

2. 货证核查（identity check）

对每批货物检查其与卫生文件的内容是否相符，检查货物上的种类、数重量和标记（官方封铅、健康标识和标签），确认出口国（地区）、出口企业与证书中的代码是否相符。

3. 物理检查 （physical check）

确保产品可以按证书上所写用途使用。并确认运输过程冷链没有间断、产品温度符合要求、运输条件使产品保持无损坏要求状态、拆包后进行感官检查，包括气味、颜色、口味等，还包括简单的物理检查，如蒸煮、解冻、切割。物理检查必须涵盖批次件或包装的 1%，最少 2 件/包装到最多 10 件/包装。然而，根据产品和状况，兽医部门可要求更广泛地检查。若为松散材料，从批次的不同部分应至少取 5 份样品。若随机抽查的实验室结果未出来，而货物对公众或动物健康不会造成立即危害，货物可以放行，相关信息传送到目的地主管部门。

如果产品符合下列 3 个条件，欧盟委员会可以决定减少对进口条件相同的产品的物理检查频率：

1. 第三方提供产品的原产地的检查结果，令人满意且有健康保证；

2. 产品来自于根据欧盟规则确定的名单上的加工厂；

3. 相关产品的进口证书已经签署。

如果严重违规或屡次违规，成员方应对来自同一产地的产品的批次实施更严格的检查。特别是，同一产地的后 10 个批次必须扣留进行逐批检查，并交纳用于支付检测相关费用的押金。

（四） 入境后离岸检查

根据欧盟委员会 97/78/EC 指令，如果经取样的动物产品离开边境检查站未出结果，边境检查站的官方兽医应通过 ANIMO 网络通知目的地管理加工厂的兽医机构货物的原产地和目的地。产品应在目的地的加工厂根据欧盟立法规定进行处理。目的地加工厂或产品目的地暂存仓库的管理者应通知目的地官方兽医，官方兽医应实行常规检查特别是检查入境记录，以确定产品到达目的地的加工厂。如果边境检查站的主管部门得到预期进入经批准的加工厂的产品未到达目的地的证据，主管部门应对负责装货的人采取措施。

（五） 不合格产品处理

欧盟委员会 882/2004/EC 条例授权，主管部门可以扣留和羁押违反饲料和食品法的来自第三国（地区）的货物，并可以采取以下措施：

1. 命令销毁这些饲料和食品，或根据第 20 款进行特殊处理，或根据第 21 款遣返离开欧盟领域以及其他措施，如将该饲料和食品用于其他目的。

2. 如果饲料或食品在采取以上措施以前已经流入市场，必要时应命令其召回或退货。

三、进口后的监管

（一）记录保留和溯源

根据 172/2002 要求，食用动物产品在生产、加工和分销的所有环节都必须具有可追溯性。产品必须被适当标识，便于追溯。欧盟法规要求生产经营者能够分辨其所提供的商品从哪里来、卖到哪里去，并具备相应的系统或程序，该程序可为主管当局提供其供货方及货物购买方的相关信息。

（二）风险监控

FVO 办公室专门负责农、兽药和化学污染物残留监控行动。该办公室负责制订年度残留监测计划，并与各成员方内相应机构联系，督促其制订本国残留监测计划和协作残留监测计划，公布残留监测结果。并对第三国（地区）残留监控情况进行核查验证。欧盟自 1996 年起启动了欧盟农药残留监控计划。该计划共分为两个层面：欧盟层面和国家层面。欧盟层面监控计划是一个覆盖主要农兽药和农产品的周期滚动计划。以指令形式制订一个 3 年的食品监控计划，选取欧盟市场上常见的 30 种食品，监测 200 个左右农兽药项目。根据成员方消费量，通过二项式概率分布统计分析确定各成员方需要采集的最小样品量。国家层面计划根据欧盟层面计划的要求和各国的生产消费情况确定需要检测的产品和农药，一般也需覆盖多年。实施一年以上的监控计划必须每年向欧盟委员会的 FVO 办公室提交监测报告，以提供在本区域和本国对检测结果处理的措施。如果在欧盟内检出阳性样品，成员方的主管当局须及时获取所有必要信息，及时调查阳性出现的原因，并采取相应的措施。如果从第三国（地区）进口的食品检测呈阳性，应将所有使用制品的种类和有关批次通告欧盟委员会，并立即通知所涉及的边检站。

欧盟对进口动物源性食品的监控涵盖在整体监控计划中，没有指定专门针对进口动物源性食品的监控计划。根据 96/23 指令，对于出口到欧盟的动物源产品及活动物，欧盟要求第三国（地区）必须实施与欧盟等效的兽药及特定活性物质的监控计划，并经检查核实。

（三）风险预警

为加强风险信息的评估与交流，欧盟专门建立了欧盟食品和饲料快速预警系统（RASFF）系统。RASFF是一个基于信息传递网络的预警体系，欧盟委员会对 RASFF 网络的管理负责，欧洲食品安全局（EFSA）也是体系成员之一。在 RASFF 系统下，各成员有义务将所发现的食品和饲料安全信息向 RASFF 通报。网络中的某一成员方如发现任何有关食品、饲料引发人类健康直接或间接风险的信息，应立即在快速预警系统下通知委员会，委员会将信息传达给网络中的各成员方。欧洲食品安全局可补充发布一些科学技术信息通知，以利于成员方采取快速、适当风险管理活动。同时，对于各成员方所采取的下列措施都应向 RASFF 通报：

1. 为了保护人类健康而采取的任何措施和快速行动，如严格限制市场准入，强制撤出市场，食品或饲料的召回等。

2. 当对人体健康有严重风险，需要采取快速行动时，对经营者的任何建议或与其达成的任何协定，不论是自愿的还是强制的。包括旨在阻止、限制市场准入和对市场准入提出特殊条件，或阻止和限制食品或饲料的最终用处和对其最终用途提出特殊条件。

3. 欧盟境内发生的，由于对人类健康产生直接或间接风险，而由边境管理部门拒绝入境任何一批或一个集装箱的食品、饲料。

发表通报信息的成员方，应同时提供其食品安全管理部门为何采取此类措施的详细说明；并在适当时候，通报其补充信息，特别是在通报的措施已更改或取消时。委员会应立即将获得的通报信息及补充信息传达给网络的各成员。在欧盟境内，边境食品安全管理部门拒绝一批或一集装箱货物入境时，委员会应立即通报欧盟的所有边境和作为原产地的第三国（地区）。如果警示通报所涉及的产品已经对第三国（地区）出口，委员会则有义务通知该国（地区）；当原产于某国（地区）的产品被通报时，委员会也要通知该国（地区），以使其能采取措施避免再次出现同样的问题。在 RASFF 中，欧盟委员会每周发布警示通报和信息通报。为了在保持公开度和保护商业秘密之间寻求平衡，通报不公布相关贸易和公司的名称。这样操作并不影响对消费者的保护，因为 RASFF 通报意味着已经采取或正在采取相应措施。但当对人类健康的保护要求更大的透明度时，欧盟委员会可以通过其正常渠道采取必要的行动。同时，欧盟委员会还对上一年度的通报情况做系统、全面的分析，形成年度分析报告。

（四）不合格产品召回

欧盟要求，如果经营者对其进口、生产、加工制造或营销的动物源性食品感到或有理由认为不符合安全要求，应立即着手从市场上撤除，并通知有关部门。经营者应准确地通知消费者撤出的原因，在其他办法效果欠佳时，应从消费者处召回有关产品。从事零售、营销活动的经营者应在其相应行为范围内从市场上撤出不符合安全要求的食品，并应通过提供有关追溯信息，配合生产者、加工者、制造者和有关部门的措施而为食品安全作贡献。

第五节
日　本

原则上，日本厚生劳动省负责进口食品卫生检验，农林水产省负责动物疫病检疫及有害生物的检疫等。但在实际检验检疫工作中，两个行政管理部门的业务是并行的，同时检疫内容也相互交叉。例如，动物及动物产品的进出口申报制度就由两个部门交叉管理。日本进口动物产品的管理覆盖了从动物产品生产到消费的全过程。包括进口前对出口国（地区）及生产企业管理体系的检查、进口时的查验及不合格处理、进口后的市场监管等各个环节。

一、进口前的监管

（一）食品安全管理方面

日本每年均会派出专家组，对出口国（地区）生产阶段的卫生措施状况进行检查，并依据出口国（地区）的食品安全管理情况（如农药使用管理、出口前检验、证书管理等）确定对策，签订双边协议，必要时对企业实施实地检查等机制。

同时，日本要求进口商在进口前必须对进口食品原料生产、加工、包装、储运等各环节进行确认。重点包括农业投入品使用情况、生产加工卫生管理措施以及终产品与日本法律法规要求的符合性。除了要通过文件进行确认之外，进口商还要通过现地调查、派遣驻在人员、通过试验检查等方法对食品生产商的情况进行必要的确认。

（二）农产品检疫方面

制定禁止进境名单。日本在《家畜传染病预防法实施条例》中根据各个国家（地区）动物疫情情况，将农产品分为三大类，并按照不同的分类，规定了允许进口的国家（地区）和产品名录。日本制定禁止进境所涉及的植物种类和国家（地区）名单，而且还根据国际植物疫情不断变化修改需要实施相关产地检疫的国家（地区）名单。

签订检疫议定书和分类检疫要求。根据《家畜传染病预防法实施条例》要求，允许进境的动物和动物产品，日本政府通过与输出国家（地区）政府签署检疫协议，明确进境卫生要求。

实施产地检疫。出口至日本的畜产品要求必须来自经日本农林水产省注册的加工场加工产品，而且需要出口国家（地区）官方出具检疫证书，方可向日本出口。

二、进口时的监管

进口动物产品到达口岸后，首先由农林水产省动物防疫所对使用肉类等具有检疫风险的食品进行检疫。如未发现问题，则由厚生劳动省下属检疫所实施食品检验，而工业食品等无检疫风险的产品则直接由厚生劳动省实施检验。

（一）厚生劳动省对进口食品的监管

日本厚生劳动省根据进口食品的安全风险，建立了独具特色的分解查验制度，包括监控检查、强化监控检查、命令检查乃至不经检查直接禁止进口措施。

监控检查是日本厚生劳动省根据《进口食品监测指导计划》实施的常

规检查。由日本官方检验机构负责施行，抽样比例在 3% 左右。如在监控检查中发现违规问题，则可能提高抽样比例（一般为 30%），实施强化监控检查。强化监控检查可以针对同一厂家、同一地区或整个国家的同一产品。实施监控检查和强化监控检查的所有费用由日本政府承担，货物在抽样后即可通关，不必等待检测结果。

在监控检查以及在国内进行的抽样检查中发现违规问题，且这类食品再次违反的可能性较大时，日本将实施批批检测的命令检查。命令检查由厚生劳动省认可的注册检查机关实施，所有费用均由进口方承担，且在检测结果出来前货物不得通关。命令检查可以针对同一厂家、同一地区或整个国家的同一产品。当出口国（地区）采取对策，防止再次发生类似违规问题，且确保不再出口违规食品时，厚生省将考虑解除命令检查，恢复通常的监视体系。

对于初次进口的食品，以及海外发生食品安全问题且可能影响进口食品时，日本将采取实施专门的强化检验措施。对于高违规率的食品，日本则采取不经检验而直接禁止进口的措施。此外，厚生劳动省检疫所也会指导进口商对必要的项目开展确认检验等自主检查。

（二）农林水产省对进口动物产品的检疫

在进口的动植物中，有相当部分是作为食品或食品原料进口的，这些货物首先要接受农林水产省下属的动物检疫所的动植物检疫，然后才接受厚生劳动省的食品卫生监管。对于来自海外的动植物其及制品，日本实行非常严苛的检疫制度，包括检疫许可制度、指定口岸制度、隔离检疫制度和检疫处理制度。

1. 检疫许可

同世界上其他许多国家（地区）一样，日本在对进境物品进行管制的措施中也使用进境检疫许可制度。申请进口动物时，申请人须在规定的期限内向动物检疫所长提出申请（不包括携带、邮寄动物入境）。申请进口畜产品时，申请人应根据《家畜传染病预防法》有关申请进口检疫规定，在畜产品到岸前或到岸后立即向管辖进境口岸或机场的动物检疫所（包括分支机构）提出申请。

2. 指定口岸

根据《家畜传染病预防法实施细则》规定，日本根据其全国各地农业生产的特点和各口岸检疫的能力，所有法定检疫商品进口只能在指定的海港和机场进行。明确指定各类进境农产品指定口岸，并通过禁止进口、进境检查、进境后隔离检疫和熏蒸处理等的有机掌握和运用，检疫把关实效明显。

3. 隔离检疫

日本《家畜传染病预防法》要求对申请进口的偶蹄动物、马和家禽等实施隔离检疫，并规定了不同种类动物的隔离期限，检疫合格的，签发进口检疫证明书，并对签发进口检疫证明书的动物，移交入境后的都道府县家畜保健卫生所监管，原则上须对入境动物进行为期 3 个月的检疫。对于进境植物的隔离检疫，日本全国共设有 4 个植物检疫隔离苗圃，负责对输入的在口岸检查时怀疑存在检疫性有害生物的植物实施隔离检疫。

4. 检疫处理

口岸检疫官根据查验结果，如果认为进口畜产品污染有或可能污染有家畜传染病的病原体，在家畜防疫官监督下，要求进口商根据《家畜传染病预防法》规定进行焚烧、深埋或者消毒。

日本动物检疫的指导原则是《家畜传染病预防法》以及依据 WOAH 等有关国际机构发表的世界动物疫情通报制定的实施细则，即禁止进口的动物及其产地名录。凡属该细则规定的动物及其制品，即使有出口国（地区）检疫证明，也一概禁止入境。如牛、羊、猪等偶蹄动物，因易感染口蹄疫，日本对其进口十分警惕。该类动物的活体、肉、内脏，以及香肠、火腿等肉制品均为日本重点检疫物。日本进口商自海外进口动物及其产品须提前向动物检疫所申报。一般牛、马、猪等需提前 90~120 天申报，鸡、鸭、狗等也要提前 40~70 天申报。由于检疫是对动物逐只进行的，特别是对偶蹄类的检查更仔细，因此整个检疫过程耗时较长。一般马和家禽 10 天方能出检查结果，而偶蹄动物则需要更长的时间。

不属于禁止之列的植物及其制品可在通过检疫后报关入境。检疫不合格的货物，经消毒后仍不合格者，就地销毁或原船退回。

三、进口后的管理

（一）记录保留和溯源

日本要求进口商在内的食品生产经营者必须记录其生产经营产品的来

源及去向的相关信息，特别是销售相关者的信息，并将其妥善保存。在发生危害时必须确实且迅速地向国家、都道府县等提供上述信息记录。为此，日本专门制定了《食品业者等的记录完成及保存指南》，用于指导企业落实记录保存制度。

（二）风险监控

由厚生劳动省按照《食品卫生法》规定，制定食品卫生监督指导指南。针对进口食品，厚生劳动省每年均会以统计学上可检查出违反事例的检查数量为基础，并综合考虑每类食品的违反率、进口件数以及进口重量、违反内容对健康的影响程度等，制订并公布《进口食品监视指导计划》。

（三）风险预警

日本非常重视动物产品安全信息的通报与警示。进口动物产品一旦发现违规问题，厚生劳动省均会在官方网站公布。公布内容不但包括违法产品及进口商信息，而且包括对违法食品的回收、废弃等措施的实施情况，改正措施的内容，违法原因等。

（四）后续市场监管及召回

日本要求都道府县、设置保健所的市以及特别区必须对进口食品的国内流通环节进行监控，要求经销商实施自主检查，如发现违法问题，应立即向检疫所报告，进口商应迅速采取召回等相关措施。

第六节
澳大利亚

◇

一、进口风险分析

澳大利亚规定，其他国家（地区）的动植物产品在进入澳市场前要由农业部决定是否进行进口风险分析（IRA）。IRA的目的在于：

（一）确保充分评估该产品进入澳大利亚以后可能造成的病虫危害；

（二）只有当病虫害风险符合澳大利亚的有关规定时才能准许进口该产品；

（三）让有关利益方充分了解澳大利亚作出决定的依据。

IRA 方法的主要依据是 1998 年制定的"进口风险分析手册"。该手册规定，大部分进口的动植物产品可由生物安全局作出快速评估，不需要正式的 IRA 分析。但是，较重要的产品必须按正式程序进行审查。技术难度较小的产品按例行程序进行审查，技术难度大的产品则要进行非例行程序审查。激活 IRA 的前提是有个人/公司/行业组织提出进口申请。注册有关申请后决定是否启动 IRA 程序。农业部如决定该产品按例行程序审查，则由其内部专家进行；如决定按非例行程序审查，则需要成立专家工作组。IRA 报告的草案将予以公布，并给予有关利益方充分的时间（一般为 60天）提出申诉。IRA 的最终报告将通知 WTO 组织并由相应部门负责执行。

二、进口前管理

澳大利亚进口动物及动物产品均须进行进口风险分析。经风险分析后，澳大利亚同有关出口国（地区）商签检疫议定书或检疫证书，并对向其出口动物及其产品的国家（地区）外饲养或加工厂进行实地考核和注册登记。

三、口岸检查

所有进境船舶在抵达澳大利亚第一港口时均须实施检疫，检查人员上船检查食品舱和装有动植物产品的货舱。同时，规定所有用于装载货物的集装箱须作永久性防疫处理，并注册登记。

（一）动物产品分类管理

1. 风险类产品

风险性较高的产品，开始进口时每批都实行检疫，如果连续 5 批都合格，则对该产品建立良好记录，检疫频次降为每进口 4 批抽检 1 批；如果连续检疫 20 批都合格，并且进口方式较为固定，检疫频次再降为每进口20 批抽检 1 批。

2. 积极监管类产品

有一定风险的产品，按进口批次抽检 10%。

3. 随机监管类产品

按进口批次随机抽验5%。

后两种监管模式中，在抽检中只要有一批货物被发现有问题，那么该批货物货主的品质信用度会立即受到质疑并被列入"黑名单"。

（二）动物产品检查

澳大利亚对于进口动物源性食品按照检验计划实施抽样检查，检查计划中包括检查分析的方式和频次。

（三）进境后监管

澳大利亚对引种检疫要求十分严格，凡进口种畜、种禽、精液、胚胎等繁殖材料，进境后在指定隔离场作隔离检疫。

1. 动物隔离检疫场。全澳大利亚共设有进口动物专用隔离场5个，全部由相关部门直接负责管理，在这些州，检疫站距离国际飞机场约1小时的车程，使得动物可以迅速地转运到检疫站进行检查。

2. 进口水产动物的隔离检疫场。澳大利亚进口大量观赏鱼类及饲养用鱼苗等，其隔离场均为私人拥有，由相关部门进行考核注册。经注册者，可经营此项业务，隔离场须接受管理部门的监督管理，负责记录每天的室内气温、水温、pH值、水生动物死亡及活动情况等，并随时报告紧急情况。

（四）应急管理

澳大利亚制定了相应的预警应急措施以使得澳大利亚农业、渔业和林业遭受害虫、病害以及污染物的破坏最小化，同时也不断改进措施以提高农场动植物的安全健康水平。这些应急反应措施，包括澳大利亚兽医应急计划、澳大利亚水生有害生物应急计划、澳大利亚水生兽医应急计划等。还编制了相应的应急手册和应对防范措施。

（五）动物产品召回

澳大利亚要求对于进入其市场的不合格动物产品实施召回制度。进口商对其进口的食品认为不符合安全要求时，应立即从市场召回，并通知管理部门。